我们身边的小动物

［韩］韩永植／著　［韩］金明佶／绘　焦 艳／译

GUANGXI NORMAL UNIVERSITY PRESS
广西师范大学出版社
·桂林·

我们身边的小动物
Women Shenbian De Xiao Dongwu
出版统筹：伍丽云
质量总监：孙才真
责任编辑：吴　琳
责任营销：廖艳莎
责任美编：赵英凯
责任技编：马萁键

图书在版编目（CIP）数据

我们身边的小动物 /（韩）韩永植著；（韩）金明佶绘；焦艳译. -- 桂林：广西师范大学出版社，2023.7（2024.3 重印）
（魔法象. 故事森林）
ISBN 978-7-5598-5945-7

I. ①我… II. ①韩… ②金… ③焦… III. ①动物－普及读物 IV. ①Q95-49

中国国家版本馆 CIP 数据核字（2023）第 052391 号

广西师范大学出版社出版发行
（广西桂林市五里店路 9 号　邮政编码：541004
网址：http://www.bbtpress.com）
出版人：黄轩庄
全国新华书店经销
北京博海升彩色印刷有限公司印刷
（北京市通州区中关村科技园通州园金桥科技产业基地环宇路 6 号　邮政编码：100076）
开本：787 mm × 1 092 mm　1/16
印张：8　　　字数：81 千
2023 年 7 月第 1 版　　2024 年 3 月第 2 次印刷
定价：38.80 元

总序

走过桥，通向彼岸和远方

蒋军晶 / 特级教师、小学中学高级教师

这是一套桥梁书。

不可否认，这套桥梁书是为你们特别准备的，而且准备得非常细致、非常周到、非常体贴。

这种体贴体现在许多方面，我概括为五个“一点儿”。

生词少一点儿。我曾经买过一本《安徒生童话》，但翻译得不够好，长句子特别多，生僻字也很多。我的孩子阅读时，感觉困难重重，最后倒了胃口，连安徒生都不喜欢了。这让我很后悔，后悔没有为孩子选择一个好的译本。桥梁书就不大可能出现这样的问题，桥梁书的作者们很用心，他们知道故事是写给你们看的，也知道你们认识的字词有限，所以他们在创作时会尽量选择一些常用词。因此，你们阅读时会觉得很顺畅，很有安全感。不信？那就来读读“金钥匙”系列桥梁书吧。

字大一点儿。无论翻到哪一页，你们都会觉得很疏朗。首先，行间距足够大，每页有12~20行。行间距大了，字的个头儿就大了，整页看起来也就舒展了。其次，图文结合，虽然图不是主角，但也调节了空间。因此，桥梁书便于阅读，便于识别，也有利于保护孩子的视力。或许你们会问："我们需要这样小心翼翼的保护吗？"我认为，当然需要，而且你们也要学会爱护自己，体贴自己，例如，不要在太阳强光下看书，不要打着手电筒在被窝里看书。当然，也要选择字大一点儿的书来看。

书薄一点儿。一般的童书，尤其是长篇小说，至少有七八万字。对你们来说，篇幅太长的书，你们可能还没有能力去把握。当然，你们也可以靠毅力去挑战阅读大部头的、像砖头一样厚的纯文字书。可是，不要忘了，很多时候，阅读应该是量力而行的愉快的事情。跟你们长个子一样，阅读是需要一点儿一点儿积累的：先读薄薄的图画书，再读图文结合的桥梁书，最后主要读文字书。一般而言，桥梁书不算太厚，"金钥匙"系列桥梁书一般就100多页，字数2万~4万。其中，《妈妈需要我》是由五个独立的故事组成的，是一本合集，每个故事都不算长。你们在阅读时，最好分解为几个故事来读，这点是非常重要的，因为只有这样，你们才能产生阅读的信心，而且这对于保护你们的视力也有积极的意义。毕竟，你们还是小孩子，每天阅读的时间尽量不要太长。

图画多一点儿。作为一个和孩子打了近二十年交道的大人，我深深地感受到了你们对图画的喜爱。即使你们到了十一二岁，即使你们已经认识了大部分文字，即使你们中有些人已经尝试着阅读大部头的名著，但你们依旧迷恋图画。想想，你们在写故事的时候，最想做的一件事，是不是就是画插图？尽管也许画得不太好。你们读到《救书的猫咪》，发现故事里有一棵神奇的书树，是不是就很想看一看这棵树到底长什么样？你们读到《加油，恩灿！》，看到故事的主角是一个可爱的小胖子，是不是就很想知道这个小胖子到底胖到什么程度？其实，这些你们都可以根据文字去想象，但是你们还是想通过插图看到，因为插图为你们的阅读增加了无限乐趣。这套“金钥匙”系列桥梁书配图很棒，里面的图似乎是孩子们用蜡笔、油画棒画出来的，虽然不追求精致，但又很有味道，让人总想多看一会儿。

故事真实一点儿。“金钥匙”系列桥梁书的主人公年龄都跟你们差不多，故事里的他们有悲伤，有烦恼，有快乐，也有骄傲。试问你们有没有烦恼呢？例如，你有弟弟妹妹了，你觉得爸爸妈妈不再像以前那么爱你了；你转学了，到了一个新的环境，你觉得自己没有朋友，有些慌张；你长得太胖了，总有人笑话你，甚至故意招惹你；别的孩子的爸爸妈妈都开着豪车，而你的妈妈却总骑着一辆自行车在校门口等你……也许你们觉得，“金钥匙”系列桥梁书是在说别的小孩子的故事，说的是遥远的韩国小朋友的故事，可是，这又何尝不是在说你们的生活呢？读了这些书，你们会喜欢上书里的人物，会为故事里的小胖子加油，也会为故事里的误会感到揪心。也许在读那些世界名著的时候，你们也未必会有这样的心情，因为那些书讲的是大人的生活，不是你们的生活。

读到这里，你们千万不要对桥梁书有任何误会，以为桥梁书的作者，就像那些溺爱孩子的家长，一味地在迎合你们。如果你们有这样的念头，那就真的错了。

桥梁书的文字确实有些浅显，故事也很短小。但是通过浅显的文字、短小的故事照样可以写出美好，写出难忘。通过《渴望被发现的秘密》，你们可以读到一个孩子的心事，以及他内心对被家人发现他这个秘密的渴望。通过《救书的猫咪》，你们可以读到许许多多的奇思妙想，读到深刻的令人回味的想象。通过《妈妈需要我》，你们可以读到深深的温情，读到淘气包、胆小鬼们如何勇敢地克服困难，幸福、快乐地成长的过程。通过《加油，恩灿！》，你们可以读到大人的心酸，读到一个孩子英雄般的坚持努力。你们可以确信，自己在阅读文学，因为有一种文学，就是用这样的文字和篇幅为你们量身定制的。

之所以说“金钥匙”系列桥梁书是真正的文学，是因为这个系列里的每一本书，作者只是在讲故事，不是在讲道理。在我看来，好的故事、好的文学就是这样，不是用来说教的，我想你们也不喜欢过分强调道德和教训的故事吧？没有人会喜欢“板着面孔”的故事。不过，如果愿意，你们可以透过故事去思考：我做过书里孩子做过的事情吗？我有过他们的伤心与高兴吗？如果我遇到他们遇到的事情，我会怎么办？……这种主动的思考，会让你们收获另一番阅读的乐趣。

最后，我想再回到这一系列书的两个概念上，一个是“金钥匙”，另一个是“桥梁书”。

阿·托尔斯泰曾写过一部童话《金钥匙》。在那部童话里，金钥匙是一把开启幸福、开启快乐的钥匙，能够打开通向美丽的木偶剧场的小门。是的，“金钥匙”系列桥梁书就是为你们量身定制的，这些故事犹如一把把金钥匙，为你们打开阅读之门。

“桥梁书”这个说法真的很形象，作家为孩子架设了一座由“图画书阅读”“亲子共读”通往“文字阅读”“独立阅读”的桥梁。

走过这座桥，可以更快更顺利地到达彼岸，走向远方。

我们身边的

小动物

| 作者的话 |

“叽叽喳喳！”鸟鸣清脆，晨光熹微。小动物们从甜蜜的梦中醒来，衔着树枝勤劳筑巢的喜鹊，嘴里塞满橡子、箭步跃上枝条的花栗鼠，还有那些在水里奋力游动的鱼儿，都活力满满地迎接清晨的到来。

动物们的栖息地各不相同。庭院里，经常见到鸽子；公园里的树枝上，红松鼠忙着搬运口粮；小溪里，鱼儿游来游去；池塘中，青蛙跳来跳去。要是去了农场，还可以见到悠闲吃草的牛、哼哧哼哧踱步的猪。动物园里，我们可以见到长颈鹿、猴子等各种各样的动物。江河湖海中，还有数不清的鱼儿在等着我们呢。

生活在同一个地球村的生物中，和人类最亲近的就是动物。人类也属于动物。动物，只要个头不是太小，肉眼就可以观察到。接下来，就让我们一起睁大眼睛，看看我们身边到底有哪些动物。“嗨，你好！”热情地和动物打个招呼，说不定可以和它们成为朋友呢。

那么，从现在开始，我们就要前往神秘的动物世界探险了。从身边的宠物开始观察，再到公园和学校、小溪和池塘、河川和海岸、农场和树林、动物园，还有水族馆……让我们一起走进那丰富多彩的动物世界吧。旅程结束的时候，各位小伙伴或许会成为对动物颇为了解的小博物学家呢。

韩永植

2013年冬天

目录

毛茸茸的仓鼠

健宇脸上笑开了花。对他来说，观察昆虫和植物就如同发现了一个新世界。只要遇见神秘的生物，他就两眼放光，真是可爱极了。

最近，健宇总是沉浸在生物课的家庭作业中。他在课堂上近距离观察的那些神奇生物，课后可以带回家试着自己养。几天前，健宇带回了一只仓鼠。虽然胆小的他还不敢去触碰，但他又是喂食又是清扫，满腔热情。我们为仓鼠准备了漂亮的小房子，做了遮阳板，并铺上了垫子，还为它买了食物。

看到健宇这么喜欢仓鼠，我决定带他去见识更多的动物。如果能进行一次动物探险，他不知有多高兴！胆小的他会不会害怕大块头动物？我也曾犹豫过，不过想到健宇因为认识一个个新动物而开心的样子，作为爸爸的我已经心满意足了。

为了动物探险之旅，健宇把房间弄得一团糟。他说要自己准备所需物品。健宇和我将会开启一场怎样的探险呢？大家敬请期待吧。

动物探险用品

棉手套
动物图鉴
动物图鉴
石膏
石膏和厚纸张
笔
笔记本
多功能折叠刀
镊子
手电筒
雨伞
卷尺
地图
运动鞋
双筒望远镜
拖鞋
相机
长袖上衣
背包
医药急救包
雨衣
长裤
保暖的外套和裤子
遮阳帽
靴子
观察哺乳类
观察鸟类
观察鱼类
探照灯
望远镜
渔网

动物探险地图

公园和学校、溪边和池塘、河川和海岸、农场和山林、动物园和水族馆，到处都有动物的身影。

我们根据这些地点来制定一个动物探险计划怎么样？

1.我们在公园和学校见面吧

憨态可掬的阳阳

仓鼠

一大早，健宇和妈妈就在观察仓鼠。他们一直在和仓鼠说话，甚至都没察觉到我起床了。

“健宇，给小仓鼠起好名字了吗?”

“哎呀！吓我一跳。爸爸你什么时候起来的?”

吃过早饭，我们一家人坐在客厅，给仓鼠起名：“小小”“小可爱”“乐乐”……我们想了好多都觉得不合适。

“爸爸，叫阳阳怎么样？小仓鼠的眼珠子一闪一闪，亮晶晶的，好像太阳。”

连动物的眼睛都观察得这么仔细，看来，健宇的观察力比爸爸妈妈要好啊。

“好。那我们现在就开始动物探险之旅吧。出发！去宠物市场。”

“你说探险的地方是宠物市场?”

健宇本来期待一场精彩的探险，可听到“宠物市场”，难掩失望之情。我向他解释，要想观察和人类最亲近的动物，宠物市场是最好的去处。

“健宇，那里可是动物的乐园哟。”

一进入宠物市场，健宇就被仓鼠、乌龟、热带鱼、金鱼、淡水虾、龙虱、白腰文鸟、鹦鹉等动物吸引住了，看得眼花缭乱。他还对着刺猬和豚鼠发呆，出神了好一阵子。

我拽了拽看得入了迷的健宇，说该去给仓鼠买饲料了。

刺猬

豚鼠

既然是出来观察动物的，所以我顺便问了问健宇知不知道动植物的区别。他回答，能移动的是动物，不能移动的是植物。看来最近有关动植物的学习很见效呢。除了这些，我又给他讲了一些动植物的区别，我很喜欢他聚精会神地听讲的样子。

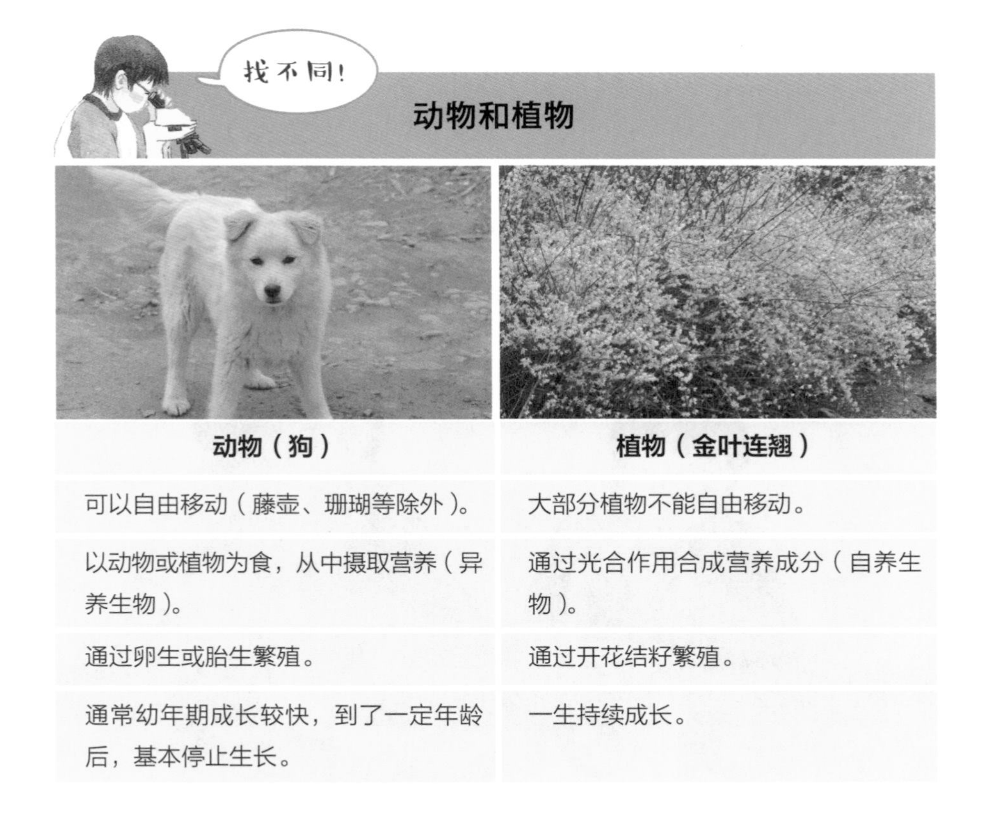

动物和植物

动物（狗）	植物（金叶连翘）
可以自由移动（藤壶、珊瑚等除外）。	大部分植物不能自由移动。
以动物或植物为食，从中摄取营养（异养生物）。	通过光合作用合成营养成分（自养生物）。
通过卵生或胎生繁殖。	通过开花结籽繁殖。
通常幼年期成长较快，到了一定年龄后，基本停止生长。	一生持续成长。

观察日记

日期 3月22日	地点 家	观察对象 可爱的宠物

宠物，指的是那些因受人喜爱而被带回家饲养的动物，比如狗、猫、仓鼠、鹦鹉、金鱼、热带鱼等。有一个词叫“伴侣动物”，意思是宠物不再仅仅是供主人消遣玩赏的对象，而是像伴侣一样和主人一起生活的动物。它们和主人互动交流，培养感情，就像是家庭中的一个成员。

宠物图集

狗

猫

仓鼠

玄凤鹦鹉

金鱼

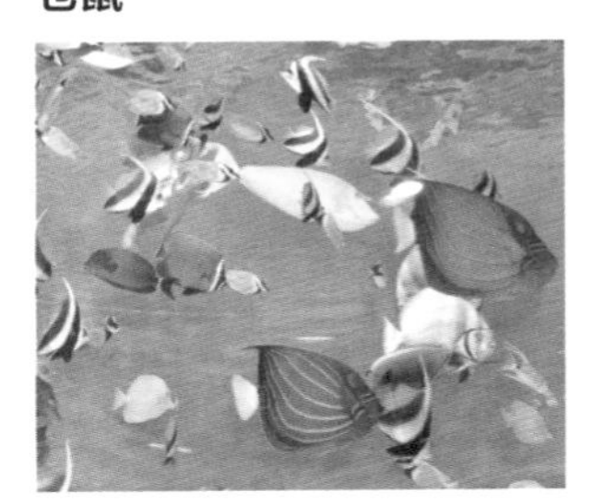

热带鱼

公园里咕咕叫的鸽子和叽叽喳喳的麻雀

从宠物市场出来，我们来到了樱花盛开的公园。漫步其中，我们看到不知从哪里飞来的鸽子正在啄食地上的饼干屑、种子和水果。

“糟了，鸽子把石子儿也吃进去了！”健宇吃惊地喊道。

“哈哈，没关系。它们吃石子儿是为了帮助消化。”

鸽子会把吃下的食物暂时存放在嗉囊里，先初步软化食物，然后经过腺胃最终输送到砂囊（肌胃）。在砂囊，才开始正式的消化过程，在这里，石子儿会帮助把食物磨碎。[1]

[1] 嗉囊位于鸟类食道的中部或下部，贮存食物的膨大部分。嗉囊下方有叉骨支撑。食谷、食鱼的鸟嗉囊较发达，食虫、食肉的鸟则较小。鸽子的嗉囊为双侧囊。砂囊是鸟类和其他动物的消化器官，连接腺胃和小肠，又称“肌胃”。——译者注

鸽子是和平的象征。在1988年汉城（今首尔）奥运会和残奥会期间，分别放生了2 400只和1 998只鸽子。由于自然界中鸽子的天敌——猛禽类的数量锐减，鸽子的繁殖数量逐年递增，这反而令人担忧。鸽子的排泄物会粘在建筑物、雕像上，而其排泄物中的霉菌据说可能会引发脑膜炎等疾病。

“爸爸，那只鸽子好像有点儿与众不同呢。”

“那是我们国家野生的山斑鸠。”

健宇学过汉字，他听到“山”字，一下子就理解了其中的意思。

“健宇，你猜猜爸爸最喜欢的鸟是什么？”

“嗯，啄木鸟，因为它们会发出‘笃笃笃’的声音。”

咚！错了。答案是信鸽。没有邮政系统之前，给远方的人送信靠的就是信鸽。“邮递员”信鸽有一种非常独特的本领——它们能记得出发的地点，出去之后能再飞回来。

麻雀

“叽叽喳喳！”这时，我们眼前飞来一群吵闹的麻雀，在地上啄食着什么。我和健宇稍一靠近，它们就“呼啦啦”一下子全飞走了。

“健宇，农夫会喜欢麻雀吗？”

“当然不喜欢。正是为了赶走麻雀，他们才做稻草人的啊。”

麻雀喜欢吃谷物，所以会给庄稼造成一定危害。但如果完全没有麻雀，害虫就会肆虐，这样就会给农夫造成损失。要知道，麻雀可是蚱蜢和飞蛾幼虫的天敌呢。

山斑鸠和原鸽

山斑鸠	原鸽
翅膀上的羽毛呈鱼鳞状。	内侧的飞羽和大覆羽有两条黑色横纹。
颈部有黑蓝色的斑纹。	颈部有紫蓝色和绿色的光泽。
多见于山野。一年四季生活在同一个地方，不迁徙，属于留鸟（与候鸟相对的概念）。	主要栖息在低山丘陵或悬崖峭壁。是家鸽的祖先。
主要生活在平原或山地，也见于城市。	多见于野外的岩石峭壁，也见于城市。

吉祥的喜鹊和警觉的乌鸦

栗耳短脚鹎

“叽呱叽呱！”树梢上一只栗耳短脚鹎在聒噪。以前它们只生活在山里，不知从何时起，都市里也经常见到它们的身影。

“爸爸，那只胖乎乎的鸟是喜鹊吧？”

健宇发现了对面树枝上的喜鹊。现在的喜鹊，个头儿越来越大，有时候远远看去会被误认为是乌鸦。这大概是天敌少了，食物多了的缘故。

喜鹊

不过仔细观察的话，喜鹊和乌鸦的差别还是很明显的。通常，乌鸦的个头儿比喜鹊大得多，通体黑色，区别于腹部白色的喜鹊。乌鸦警觉性很高，遇到陌生人它们就会叫，而据说喜鹊的记忆

电线杆上的喜鹊巢

乌鸦

力很好，见到曾经见过的人，它们会像欢迎熟客一样叫起来。

“爸爸，为什么说‘喜鹊一叫，贵客要到’？”

“那是因为喜鹊的记忆力非常强。据说，过去那些参加科举考试的人，一出门就是好几个月。喜鹊发现他们回来时，就会‘喳喳喳喳’地叫。”

衔着一只挂衣钩的喜鹊飞上了电线杆。令人吃惊的是，喜鹊居然会利用挂衣钩、树枝等材料筑巢。健宇说他要帮助喜鹊搭巢，于是在地上捡起树枝来。

“健宇，看见喜鹊的话，说明家里有贵客要来哦。”

“对了！姨妈说今天要带礼物来，我们赶紧回家吧。”

于是，我们把树枝放在电线杆下，转身往家走。

观察日记

日期 3月30日	地点 公园	观察对象 鸟的形态和特征

1.鸟类因其食物和捕食方法不同而有不同的喙。

①吃树木果实的鸟长着粗短、圆锥形的喙

栗耳短脚鹎　交嘴雀

锡嘴雀

②吃昆虫的鸟长着尖锐的喙

普通夜鹰

日本树莺

大斑啄木鸟

③吃鱼的鸟长着尖长的喙

普通翠鸟

黑尾鸥

④吃螃蟹、贝类和沙蚕的鸟长着细长锐利的喙

白腰杓鹬

⑤吃青蛙、老鼠和蛇的鸟长着粗壮、尖锐且钩曲的喙

游隼

2.鸟类的前肢已特化成翅膀，它们依靠脚爪（蹼）捕食、活动。

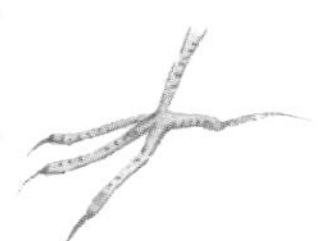

水雉

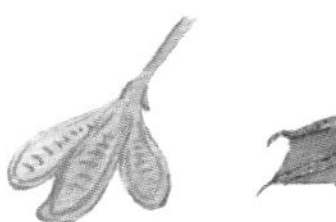

小䴙䴘（pì tī）

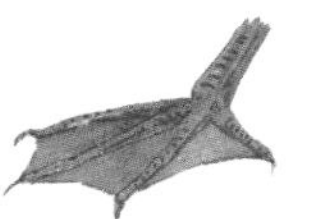

普通鸬鹚

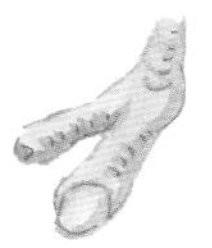

非洲鸵鸟

白腰雨燕

灰林鸮

金雕

公园里的松鼠和花栗鼠

春光和煦，我们朝公园走去，想去看看那些昨天没来得及看的动物。

欧亚红松鼠

“唰唰!”“嗖!”在公园入口，迎接我们的是动作敏捷的松鼠。它们在树枝间跳来跳去，就像是马戏团在演出。与花栗鼠不同，松鼠一般不冬眠。它们把松子、核桃、橡子等藏在自己小窝附近的树枝间、石头下，或埋在地里。它们饿的时候，就去那些地方找。松鼠是杂食性动物，不仅吃松树、核桃树、橡树的种子，还吃浆果，甚至鸟卵和其他小动物。

“爸爸，那边有只花栗鼠。”

健宇发现了一只正在吃橡子的花栗鼠。我们蹑手蹑脚地靠近，想仔细观察，但警觉的花栗鼠眨眼间已逃到树上。

西伯利亚花栗鼠

“爸爸，花栗鼠和熊一样要冬眠吗?”

“是的，花栗鼠也冬眠，但是它们和熊不太一样。熊冬眠的时候，一直在睡；而花栗鼠肚子饿的时候，就会醒来，吃饱了接着睡。”

冬眠之前，是花栗鼠最忙碌的时候。它们忙着把松子、橡子等好吃的，塞进腮帮子，然后找地方藏起来。不过，花栗鼠的记性不太好，经常忘记藏宝的地方，所以，它们总是努力地找吃的，这儿藏藏，那儿藏藏，这样它们无论在哪个藏宝地总能刨出好吃的来。

那些没被发现的橡子后来怎么样了呢？当然是发芽长成橡树了。以后当你看到枝繁叶茂的橡树林，不要忘记勤劳的花栗鼠的功劳啊。

学校里的迷你动物园

兔子

豚鼠

孔雀

从公园出来后，我和健宇来到了学校。健宇的学校里有一个迷你动物园。那是他在学校里最喜欢的地方。

“爸爸，这就是我们学校的迷你动物园。”

我知道健宇为什么喜欢这个地方了。可爱的动物正在欢迎我们呢。

“你不向爸爸介绍一下你们的迷你动物园吗？”

“那个是可爱的兔子，腿短短的是豚鼠，最华丽的那个当然是孔雀了。还有‘咯咯哒’叫的家鸡。”

健宇介绍得很起劲儿，我的心情也欢快起来。

豚鼠是啮齿动物，它们的祖先来自秘鲁。

现在豚鼠多用于医学和生物学的实验研究。因为它们性情温顺，所以也被当作宠物饲养。

家鸡

健宇说，他最喜欢的是迷你动物园里的兔子。兔子毛茸茸的，吃东西时也非常可爱。

“健宇，你知道兔子的前腿比后腿要短很多吗?”

兔子的前腿比后腿短，上坡时跳得很快；不过，下坡时就慢得像蜗牛，一不小心还会骨碌骨碌滚下去。要是以前，在山里就很容易见到兔子。可惜，现在的小孩子大多只能在动物园或宠物市场见到兔子了。

向生物博士看齐——动物的一生

从出生到死亡，动物也要经历一生。经过或长或短的幼崽期后，成年的它们不仅要繁殖后代，还要应对变化莫测的命运。有的动物是卵生，有的是胎生。刚出生的幼崽看上去很可爱，但非常脆弱。成年后，它们就得离开父母独立生存。

哺乳类（以狗为例）

刚出生的幼崽（不满 2 周）
眼睛紧闭，耳道闭塞。

幼犬（2 ~ 3 周）
2 周后，可以睁开眼睛。
3 周后，可以听见声音。

小狗（6 ~ 8 周）
长出乳牙，可以进食。

成年犬（9 ~ 12 个月及以上）
可以交配繁殖。

鸟类（以鸡为例）

卵
椭圆形，
有外壳包裹。

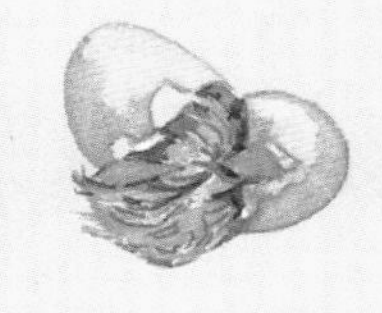

新生小鸡
孵化 20 天左右，
会用喙啄破蛋壳。

幼鸡（孵化后 30 天之内）
身上有一层软软的绒毛。

成年公鸡（6 个月以上）
全身有羽毛覆盖，长出鸡冠。

两栖类（以青蛙为例）

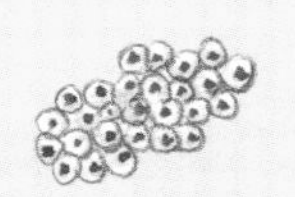

卵
1500 多个卵结成一大团卵块，有透明的胶质膜包裹。

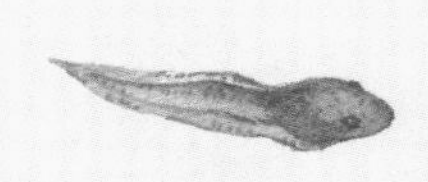

蝌蚪
卵孵化成蝌蚪，长出尾巴。

蝌蚪（孵化后 15 天）
首先长出后腿。

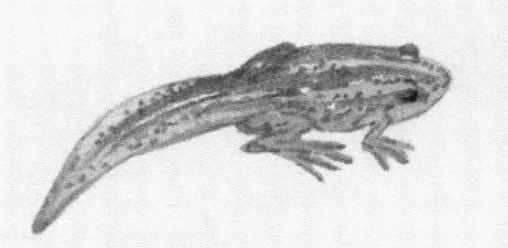

幼蛙（孵化后 25 天）
长出前腿，尾巴缩短。

青蛙（孵化后 55 天）
可以上陆地捕食，体形增大。

2.我们在溪边和池塘见面吧

水陆两栖的两栖类动物

蝌蚪

“爸爸，车里热得像个蒸笼。”

虽然是初春，却阳光炙热，如同盛夏。

今天，我和健宇要一起探访小溪和池塘里的水生动物。听到“水生动物”，健宇的双眼已经闪闪发光了。

“爸爸，快看，小蝌蚪！”

刚到潺潺的小溪旁，健宇就发现了蝌蚪。

“哇，健宇的眼力真好啊！”

健宇全神贯注地盯着那些游来游去的小蝌蚪。他用捞网捞了一只，但机灵的小蝌蚪“嗖”地一下逃跑了。

“健宇，小蝌蚪长大了会变成什么？”

“当然是蛙啦。爸爸，蛙也是动物吗？”

“当然啦。蛙是脊椎动物，属于既能在陆地又能在水里生活的两栖动物。”

“水陆两栖，真是了不起。”

人类只能用肺呼吸，没法生活在水里。而两栖动物之所以能够水陆两栖，是因为它们既可以用肺呼吸，也可以用皮肤呼吸。

“爸爸，这只蝌蚪也会变成蛙吗？”

“蝌蚪不见得都能变成蛙。它们长大后可以变成各种类型的两栖动物。”

有的蝌蚪变成行动缓慢的蟾蜍，有的变成鸣声奇特的北方狭口蛙，或是拖着长尾巴的小鲵。常见的那种一蹦一跳的青蛙只是蝌蚪众多变化形态中的一种。

当它们还是蝌蚪的时候，彼此很相像，难以区分。

中华大蟾蜍

东北林蛙

东方铃蟾

我和健宇给蝌蚪拍了照，决定回家后查查动物图鉴，好好了解一下动物各个成长时期的知识。

脊椎动物和无脊椎动物

脊椎动物（黑斑蛙）	无脊椎动物（朝鲜蝲蛄）
背部有脊椎的动物。	背部没有脊椎的动物。
以脊椎为神经中枢，肌肉发达。	神经遍布全身。
胎生，或者卵生。	大部分为卵生。
体形较大，有心脏、肺、胃、肾等，身体构造复杂。	体形较小，身体构造简单。
鱼、青蛙、小鲵、鸟、老虎、人等都属于脊椎动物。	蚯蚓、贝类、昆虫、蜘蛛、螯虾、海葵等属于无脊椎动物。

观察日记

日期 4月15日	地点 溪边和池塘	观察对象 两栖类动物

两栖类动物兼具鱼类和爬行类的一些特征，水陆两栖。鲵和蝾螈属于有尾目，青蛙和蟾蜍属于无尾目。鲵和蝾螈被称为“水中蜥蜴”，蛙和蟾蜍会“呱呱”鸣叫。大多数两栖类动物登陆后，肺成为主要的呼吸器官，还可以用皮肤进行辅助呼吸。水源和空气污染会致其死亡，所以它们被称为“检测水质污染和大气污染的环境指示物种”。在韩国，所有野生的两栖类动物都是禁止捕猎和禁止食用的。

两栖类动物图集

生活在溪边的东方铃蟾

生活在稻田里的东北雨蛙

生活在池塘和水库里的东北粗皮蛙

生活在村边的中华大蟾蜍

生活在旱田里的黑斑蛙

生活在草丛里的东北林蛙

喜欢干净水质的东北小鲵

东北小鲵的卵袋

逆流而上，是一个溪谷。兴奋的健宇在水里赤着脚扑腾着水，可是没几分钟，他就冻得受不了，跳上了岸。

“阿嚏！”

健宇冻得瑟瑟发抖，一屁股坐在了岩石上。

“爸爸，鱼儿能在这么冷的水里生活，

真了不起啊。”

“能够适应冷水生活的动物反而觉得冷水好呢。”

接下来，我们开始寻觅水里的动物。

健宇在溪边找，而我在水流较急的溪水里找。

“爸爸，不知道谁掉了个甜甜圈在水里。透明的甜甜圈上还粘着巧克力颗粒。”

“哦，真的很像甜甜圈呢。”

健宇在水里发现的“甜甜圈”，其实是东北小鲵的卵袋，而那些像巧克力的颗粒正是东北小鲵的卵。它们常常在溪水山涧、沟渠水塘里产卵，卵袋里通常有25～50颗卵。

接着，健宇干脆蹲下来，开始数卵袋里的卵。

“爸爸，一共是38颗。”

东北小鲵的卵袋和蛙类的卵块最终发育出的形态不同。东北小鲵卵袋里的卵会发育成有尾巴的小鲵，而蛙类卵块里的卵则发育成没有尾巴的蛙，二者分别属于有尾目和无尾目。

有“水中蜥蜴”之称的鲵和蝾螈，只能生活在山涧溪流等水质极好的净水中，它们在遭到污染的水中无法存活。它们主要吃蜘蛛、昆虫、蚯蚓等，喜欢在凉爽的夜晚活动。

第一次见到东北小鲵的卵袋时，健宇非常惊奇，目不转睛地观察，甚至都不想离开溪谷了。要不是我劝他去捉小鱼，他会一直盯着小鲵看。

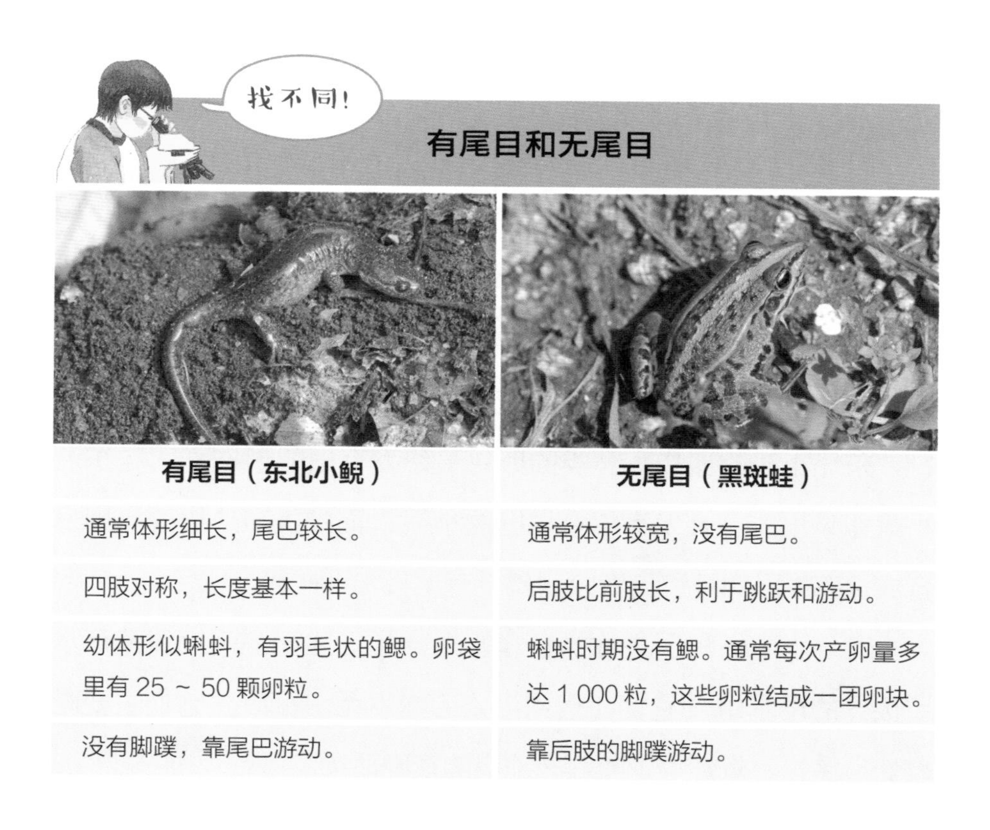

有尾目和无尾目

有尾目（东北小鲵）	无尾目（黑斑蛙）
通常体形细长，尾巴较长。	通常体形较宽，没有尾巴。
四肢对称，长度基本一样。	后肢比前肢长，利于跳跃和游动。
幼体形似蝌蚪，有羽毛状的鳃。卵袋里有 25 ~ 50 颗卵粒。	蝌蚪时期没有鳃。通常每次产卵量多达 1 000 粒，这些卵粒结成一团卵块。
没有脚蹼，靠尾巴游动。	靠后肢的脚蹼游动。

穿梭不息的淡水鱼

尖头鱥（guì）

我们来到一条宽阔的溪水旁，开始用捕鱼网捞鱼。鱼儿在水里不停地游动，要想成功捕获，必须紧盯其行踪，看准时机，及时合拢竹竿。

健宇负责将捕鱼网固定在水草下边，我负责将鱼儿往他那边赶。

“健宇，快点儿，快收网!”

“抓住了！爸爸!”

鱼儿在网里活蹦乱跳，健宇非常兴奋。他在水里扑腾着，笑着。

圆尾高丽鳅

马苏大麻哈鱼

抓了一些鱼儿后，健宇开始观察水桶里的鱼儿，并为它们画画。

健宇画的鱼有尖头鱥、高丽雅罗鱼、圆尾高丽鳅和马苏大麻哈鱼。这些都是生活在淡水里的鱼。其中尖头鱥和马苏大麻哈鱼是一级水质的指示性物种，而高丽雅罗鱼和圆尾高丽鳅主要生活在溪水中上游带有砾石的底层水域。这两种鱼是朝鲜半岛的特有物种，尤其是高丽雅罗鱼，因其外形漂亮，非常受人喜爱。

健宇居然把每条鱼的特征都画出来了。自和我开始动物探险以来，他的观察力明显提高了很多。可见我们在一起的这段时间还是挺有意义的，这真令人欣慰。

观察日记

日期 4月25日	地点 溪流、池塘	观察对象 淡水鱼

鱼类通常居无定所，但对水温和水质敏感的鱼类只能在特定的水域生存。马苏大麻哈鱼、细鳞鲑、尖头鱥和圆尾高丽鳅等只能生活在富含氧气、水质清澈的溪谷山涧；斑鳜、朝鲜少鳞鳜、宽鳍鱲（liè）则喜欢栖息在流水环境中，即使氧气不充足也可以活得很好。在平静的河川下游、湖泊和水库中，则生活着鲤鱼、鲫鱼、鲇鱼等。

淡水鱼图集

马苏大麻哈鱼： 栖息在低温、富含氧气、水流湍急的山涧溪谷等一级水质的水体里。

圆尾高丽鳅： 栖息在水流湍急、有大的岩石的浅水域等水质一级的溪流里。

斑鳜： 栖息在有砾石、沙子和淤泥等水流缓慢的二三级水质的河流中下游。

鲤鱼： 栖息在水流静止的二三级水质的河川下游或湖泊、水库的深水区。

湖滨公园里的鹅和鸭子

成群游动的鸭子

下一个探险地点是湖泊。我们开车来到了湖边。

“爸爸，快看那边的鸭子。”

健宇觉得，小鸭子紧跟在妈妈身后一摇一摆游动的样子非常可爱，他“哧哧”笑着指给我看。只要一只鸭子扎进水里，其余的鸭子就会跟着扎进去，然后昂首一起划水前进。

“爸爸，为什么鸭子游泳游得那么好？”

我建议健宇好好观察鸭子的脚蹼。健宇仔细观察着，若有所思地点着头。

鸭子尾部的尾脂腺能够分泌油脂，鸭子经常用嘴把这些油脂抹到羽毛上，这样可以起到防水的作用。如果羽毛浸水了，鸭子就很容易沉底。

“爸爸，鸭子有危险了！”

看到鸭子扎了一个猛子在水里倒栽葱的样子，健宇担心地喊起来。

鸭子把头扎到水里，像是在表演水上芭蕾，其实是在找吃的。鸭子嘴里有一种梳子一样的角质构造，能够帮助它们攫取水中的食物。

鹅

湖水的另一边，鹅也悠哉游哉地游着。鹅是由野生大雁驯化而来的、可食用的改良品种。欧洲的鹅源自朱红喙嘴的灰雁，中国的鹅则源自黑色喙嘴的鸿雁。鹅的夜视能力很好，据说也有人养鹅代替狗来看门。

草叶间的雨蛙和池塘边的黑斑蛙

我们正在湖边的小路散步，突然“扑通”一声，我想可能是一只蛙跳到水里了。可等了一会儿，没看见蛙上来，或许它还在潜水。

东北雨蛙

健宇发现了一只蹲在草叶上的东北雨蛙：“爸爸，那边草叶上有一只绿色的蛙。”

“健宇，那该不会是刚才跳到水里的那只蛙吧。”为了防止灵敏的蛙听到动静后逃跑，我小声说道。

很快，健宇就发现跳到水里的那只蛙了。在池塘、水库、稻田，很容易发现黑斑蛙。黑斑蛙多生活在田里，所以，黑斑蛙又称“田鸡”。

“爸爸，黑斑蛙有点儿像鳄鱼呢。”

“嗯，听你这么一说，还真像!”

晚霞染红了天边，蛙开始了大合唱。傍晚，湿气渐浓，蛙的身体也湿润起来。靠皮肤呼吸的蛙，有了充足的湿气，叫得格外响亮。

我们到家的时候，耳边似乎还回响着蛙的叫声。看到健宇一边做作业一边学蛙鸣，我想，他一定很喜欢今天的动物探险吧。

黑斑蛙

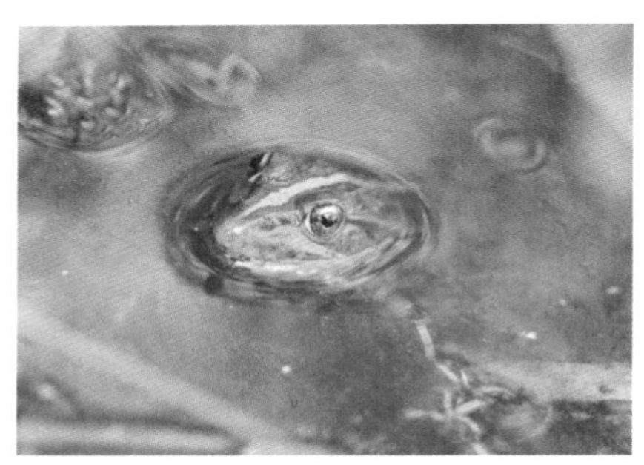

潜伏在水里、只露出眼睛和鼻子的黑斑蛙

向生物博士看齐—— 不同种类动物的长相与特征

动物大致可以分为有脊椎的脊椎动物和没有脊椎的无脊椎动物。脊椎动物包括哺乳类、鸟类、爬行类、两栖类、鱼类等，无脊椎动物包括节肢动物（昆虫类、蜘蛛类、甲壳类、多足类等）、软体动物（头足类、双壳类等）、环节动物（如蚯蚓、水蛭）、棘皮动物（如海胆、海星）、扁形动物（如真涡虫）等。动物的形态多种多样，不过，说起动物一般指的是脊椎动物。脊椎动物的形态、栖息地、食物等因种类的不同而千差万别。

	哺乳类	鸟类	爬行类	两栖类	鱼类
体表	毛	羽毛	鳞甲	皮肤	鱼鳞
呼吸	肺	肺	肺	肺、皮肤	鳃
体温	恒温（温血）	恒温（温血）	变温（冷血）	变温（冷血）	变温（冷血）
繁殖	胎生	卵生	卵生	卵生	通常为卵生
受精	体内受精	体内受精	体内受精	体外受精	体外受精
腿足	4肢	2足	4足	4足	无

脊椎动物的种类

哺乳类

哺乳类动物一般体形比较大，全身有毛，是恒温动物。用肺呼吸，通过胎生繁育下一代。人类、虎、兔、猪、牛、松鼠、黑熊、狐狸、狗、猫等都是哺乳动物。

虎

鸟类

喜鹊

全身有羽毛覆盖，有坚硬的喙，腿足有角质鳞甲。用肺呼吸，属于恒温动物，卵生。肺部有几个气囊，这对鸟类的飞行至关重要。麻雀、喜鹊、鸽子、老鹰、猫头鹰、鸡、鸭子等都属于鸟类。

爬行类

蛇

全身覆有坚硬的角质鳞甲，用肺呼吸。体温随着外部温度的变化而改变，属于变温动物。多数生活在陆地。通过有外壳的卵来繁殖。蛇、乌龟、鳄鱼属于爬行类。

两栖类

黑斑蛙

既可以生活在水里，也可以生活在陆地。没有鳞甲。它们产的卵没有外壳包裹，通常将卵产在水里，属于变温动物。幼年期用鳃呼吸，成年后用肺和皮肤呼吸。青蛙、蟾蜍、狭口蛙、小鲵、蝾螈等属于两栖类。

鱼类

斑鳜

身体呈流线型，依靠鱼鳍游动。全身覆盖鱼鳞，用鳃呼吸。体温随外界温度而变化，属于体外受精的卵生动物。鲤鱼、鲫鱼、尖头鱥、鳜鱼、鲑鱼、鲇鱼、鲨鱼等属于鱼类。

3.我们在农场见面吧

屋檐下的候鸟——家燕

家燕

燕巢

家燕的雏鸟

一大早，健宇就乐得合不拢嘴。因为我们早说好了，今天要去外婆家的农场体验农村生活。

“爸爸！快点儿，快点儿！”

多亏了健宇一个劲儿地催，我们很快准备完毕，开车出发了。可是刚刚还兴高采烈的健宇，坐进车里后却变得一声不发。可能是因为太兴奋，昨晚没睡好，没一会儿，他就呼呼大睡了。

到了农场，我们刚下车，就看见一只燕子从面前一掠而过，直冲云霄，转而急速下滑，那样子真像是飞机在表演特技。

“爸爸，燕子飞的时候都快贴着地了。”

“嗯，如果阴天或是要下雨，燕子就会低空飞行。快下雨或阴云密布的时候，会飞的昆虫都会飞得很低。燕子为了捕食那些昆虫，也会飞得很低。所以，在没有天气预报的时代，人们可以通过观察燕子的飞行来预测天气。”

展示飞行绝技的燕子

进了屋，我们听到屋檐下的燕巢里，有几只小雏燕在“叽叽喳喳”地叫。原来是燕子妈妈正在给张大嘴巴嗷嗷待哺的小燕子喂食。过了一会儿，燕子妈妈又飞出去觅食了。

“燕子妈妈，多弄点儿吃的回来啊。”健宇对着燕子妈妈的身影喊道。

希望在燕子父母的悉心照料下，小雏燕们能够健康快乐地成长。

汪汪小狗和喵喵小猫

“我的宝贝，快过来!”

健宇一下子扑到外婆怀里。外婆轻轻拍着健宇的背，慈爱地看着长得越来越结实的健宇。

和外婆打过招呼后，我们来到后院，想看看农场里的动物。“哐啷啷!”健宇不小心碰到了狗的食盆，惊扰了正在睡觉的狗。“汪汪!”狗的叫声听起来很可怕。

“爸爸，怎么办?”

被狗围住的健宇惊慌得不知所措，就在这时，舅舅来了。狗认出了主人，一下子安静了下来。

“哎呀，舅舅，如果不是你过来了，我可能会被咬呢，好可怕。”健宇对着好久不见的舅舅撒起娇来。

“健宇，别怕。狗是很伶俐、很忠诚的动物。”

舅舅对健宇说，狗会对你喊得很凶，那是因为它还没有和你成为好朋友。

狗不仅听觉、嗅觉灵敏，视觉也很敏锐，是看家护院的好帮手。

狗的寿命通常为12～15岁，经过专门训练的狗可以成为猎犬、牧羊犬、雪橇犬、搜救犬、导盲犬等。全世界的狗有300～400个品种，其中贵宾犬、西施犬、卷毛狗、约克夏梗、腊肠犬等宠物犬，尤其受人喜爱。

“爸爸，狗是不是累了？你看，它们舌头伸得长长的。”

“狗不能通过皮肤排汗降温，它们伸舌头是为了通过舌头排汗调节体温。”

后院一角，一只猫矜持地蹲在那里。它似乎觉察到我们想要靠近的意图，敏捷地蹿上屋顶，从屋顶另一边轻轻地跳下来，好像体操运动员一样。

猫的身体柔韧性好，能很好地掌握平衡。它们体形不大，但爆发力强，跑起来速度非常快。在明亮的地方，它们的瞳孔会缩小；在黑暗的地方，它们的瞳孔会变得很大，夜视能力非常好。

狗和猫

狗	家猫
脚趾甲外露。	爬树或追捕猎物时，脚趾甲外露，平时收起。
到了高处，通常举足不定，不会迅速往下跳。	可以跳到高处。平衡力非常好。
嗅觉灵敏，通常还未谋面就闻其声。	通常蹑手蹑脚，突然出现。
摇尾巴表示亲近。	非常警觉，尾巴低垂时表示警惕。
由野生的狼驯化而来。	由野猫驯化而来。

哞哞叫的牛和哼哧哼哧的猪

从后院出来，我们来到饲养牛和猪的农场。

饲养棚里的牛

“哎呀！爸爸，这是什么味儿?”健宇皱着眉头、捂着鼻子。

“爸爸教你一个闻不到这味儿的方法。”

我让健宇深呼吸了几次。健宇说，真的很神奇，果然闻不到了。没准儿是他的鼻子已经被这味儿给熏麻痹了。鼻子闻刺激性的气味久了，嗅觉就会钝化。

“舅舅说要给牛喂饲料，饲料里有什么呢?”

“给牛或者马吃的饲料是切碎的秸秆。用来堆肥的碎干草也可以给它们吃。”

健宇一边给牛喂饲料，一边和它们说话，让它们快快长大。

“爸爸，牛在反刍呢。”

牛不能一下子消化掉吃下的所有食物，所以它们通常会在休息的时候，将胃里的食物倒流回口腔，重新咀嚼。

这样再次咀嚼的食物会变软，有利于消化吸收。

“爸爸，你看牛粪，好大啊。它们撒尿也像打开了水龙头一样。”

健宇第一次见到牛粪和牛尿，非常吃惊。牛块头大，排泄物自然也多啊。

牛棚旁边是猪圈。一头猪正在哺乳幼崽。每只小猪仔占据一个奶头，使劲儿吃着奶。看着小猪们吃得那么香，我和健宇心里也美滋滋的。

肥硕的猪非常贪吃，看上去有些迟钝蠢笨。人们通常认为，猪很脏，不洁净，其实只要给它们准备好窝，及时清扫猪的排泄物，猪圈也可以干干净净的。猪是由山里的野猪驯化而来的。在很多国家，猪都是主要的肉类食材，是火腿、香肠等肉制品的主要原材料。

正在吃奶的小猪仔

观察日记

日期 5月20日	地点 农场和动物园	观察对象 偶蹄类动物

偶蹄类动物有四趾或二趾，主要吃草和树叶，白天活动。牛、羊、猪等家畜和生活在山林的獐子、狍子、山羊、梅花鹿、野猪等都属于偶蹄类动物。长颈鹿、骆驼、河马等也是偶蹄类动物。

偶蹄类动物图集

水牛

欧洲野牛

长颈鹿

黑马羚

原驼

单峰驼

大林羚

蛮羊

梅花鹿

鸡舍里的鸡

“喔喔，喔喔！”鸡舍里的公鸡正叫得起劲儿。

“爸爸，公鸡不是在早上叫的吗？”

当然，公鸡在早上会打鸣，叫醒大家。但它们白天也会叫，比如向母鸡示爱的时候或者争夺地盘的时候。

“爸爸，鸡逃出来了。我要去告诉舅舅。”

“哈哈！没关系，它们本来就是时不时放养的。”

健宇一直认为，鸡就应该养在鸡舍里。第一次看到悠然踱步的鸡，他很兴奋，一直追在后面观察。

养鸡场里的鸡通常是批量饲养的，活动空间狭小，很容易抑郁，它们的抵抗力也相对较差，如果有的鸡染上传染病，容易引发集体病死。而散养的鸡免疫力较强，下的鸡蛋营养更足，对人的身体更有益处。

散养的家鸡

健宇和农场里的动物似乎越来越亲近了。他不停地绕着农场溜达，和动物们说着话，给小狗、小猫、牛、猪、鸡等动物画像。他画中的动物看上去都非常快乐，好像面带笑容一般。

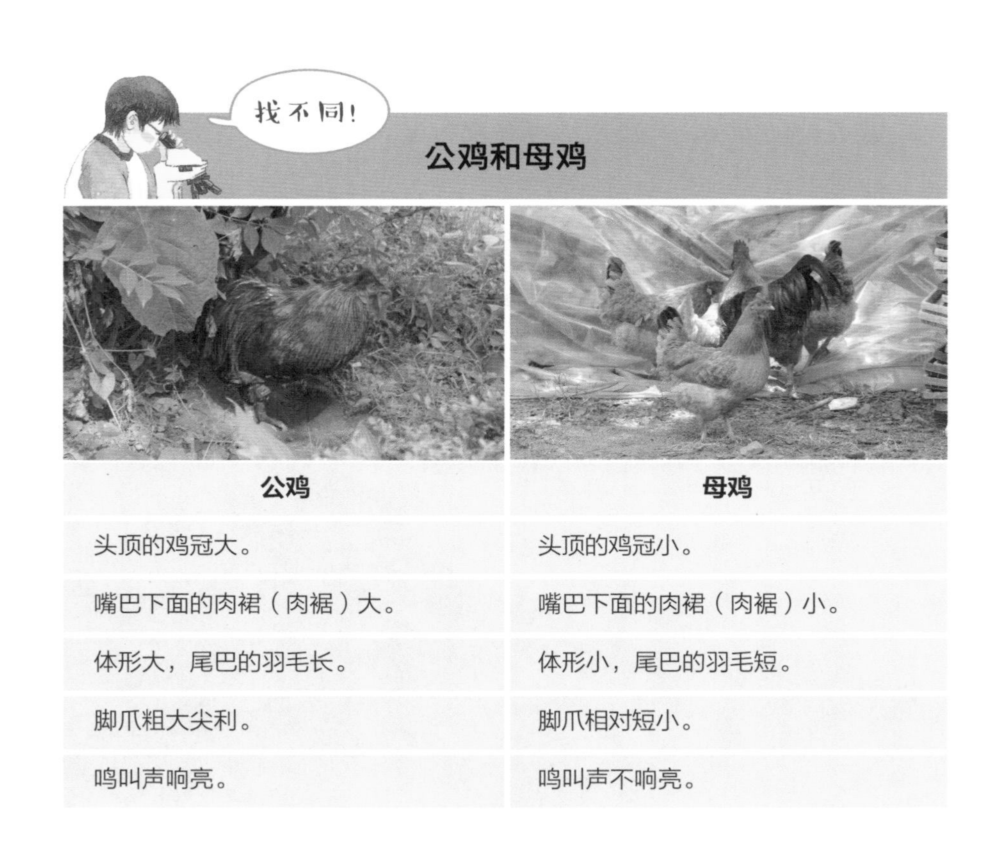

公鸡和母鸡

公鸡	母鸡
头顶的鸡冠大。	头顶的鸡冠小。
嘴巴下面的肉裙（肉裾）大。	嘴巴下面的肉裙（肉裾）小。
体形大，尾巴的羽毛长。	体形小，尾巴的羽毛短。
脚爪粗大尖利。	脚爪相对短小。
鸣叫声响亮。	鸣叫声不响亮。

观察日记

日期 5月21日	地点 农场	观察对象 农场里的动物

农场里有牛、猪、羊、山羊、鸡、鸭等家畜、家禽。它们为人类提供奶、肉、皮毛等，是值得人类感谢的动物。

农场动物图集

奶牛： 源自荷兰、德国等地，为了获取牛奶而被改良的家畜。

韩牛： 韩国特有的牛品种。主要用来食用。在农场也用作劳力。

家猪： 是火腿、熏肉、香肠等主要肉质原料。

绵羊： 为了获取皮毛和肉而在新西兰被改良的家畜。

黑山羊： 下巴处有胡须，为了获取肉而被改良的家畜，也可作药用。

家鸡： 为获取肉和鸡蛋而在东南亚被改良的家禽。

家鸭： 为获取肉和蛋，由绿头鸭改良而来的家禽。

狗： 由野狼改良而来的家畜，也被用作猎犬、搜救犬、宠物。

家猫： 为了捕鼠，由野猫改良而来的家畜。

骑马场与赛马场的马

骑马场

农场体验后的第二天，我们来到了农场附近的骑马场。

“健宇，听到马蹄声了吗？”

“真像历史剧里听到的马蹄声。”

在古代，马一直是重要的交通工具。战争时被用作军马，农忙时用来耕地，传递信息时被用作驿马。如今我们都通过写信或者电邮来传递信息了，再加上有了汽车，我们只能在骑马场或赛马场见到马了。

“爸爸，看那边的那只小马，好可爱。”

健宇指的其实是一头驴。马和驴还是有区别的。我给健宇讲了《长着驴耳朵的国王》[1]那个童话，顺便给他解释了马和驴的异同。

[1]《长着驴耳朵的国王》是韩国经典童话，出自《希腊神话》的一则故事。童话讲述了一位国王长着驴耳朵，国王原本让人保守这个秘密，但秘密还是流传开了，最后国王坦诚地向大家公开了自己长驴耳朵的秘密的故事。——编者注

接着，我们来到了赛马场。一声清脆的枪令后，骑手们骑着骏马呼啸而过。看着时速六七十公里、如离弦之箭奔驰的骏马，健宇非常吃惊。瞧他那目瞪口呆的样子，看来下次要让他好好体验一下骑马了。

赛马场

马和驴

马	驴
与身体相比，耳朵较小。	与身体相比，耳朵较大。
由野马驯化而来，用来载人，或帮助人们搬运货物。	由野驴驯化而来，主要帮助人们驮货物。
可以跑得很快。	跑得不快。
以前主要是在战争或人们干农活时使用，现在主要用作骑马或赛马。	现在依然主要用来驮货物，有时也给小朋友骑来玩。

向生物博士看齐——人类与家畜家禽

家畜家禽是由野生动物驯化而来，人类为满足经济需求或使用需要而饲养它们。主要的家畜有牛、猪、绵羊、山羊等，除此之外，还包括马、驴、骆驼、驯鹿、狗、猫、兔子、鸡、火鸡、鹅、鸭、鹌鹑等丰富多样的品种。

一、家畜家禽的历史

人类饲养禽畜始于一万年前的石器时代。起初，人类为了祭祀而豢养动物，后来渐渐转向食用。饲养动物后，人类渐渐从不安稳的狩猎生活转向定居生活。人类最先饲养的家畜是狗，大约在一万二千年前开始饲养。牛是一万年前开始被饲养的，山羊和猪大约是八千年前开始被饲养的。

二、家畜的重要性

继而，人类也开始为了获取奶、肉、毛、皮而饲养动物。人类从牛、猪、绵羊、山羊等主要家畜那里获取各种畜产品，还开始根据不同的需求对这些家畜进行了相应的改良。比如为了获取更多的肉，改良出多生小崽、快快长肥的肉猪；为了获取不同的皮毛，改良出许多品种的羊。与野生动物相比，家畜的抗病能力很弱，饲养的时候尤其需要注意卫生情况。

三、被驯化而来的家畜家禽

家牛： 由野生的原牛驯化而来，有奶牛、肉牛等品种。

家猪： 由野猪驯化而来，主要用来食用。

狗： 由狼驯化而来，被用作搜救犬、导盲犬、宠物犬、嗅探犬等。

家猫： 由野猫驯化而来，主要用来捉老鼠。

家鸡： 由红原鸡驯化而来，主要用来食用。

家鸭： 由绿头鸭驯化而来，主要用来食用。

四、家畜家禽的疾病

口蹄疫和禽流感是非常危险的传染病。因为短期内难以治愈，所以一旦出现严重的爆发流行，通常需要将感染病毒的禽畜扑杀、填埋、焚烧，这会给养殖户造成极大的损害。

口蹄疫： 牛、猪、羊、鹿等偶蹄类动物容易患口蹄疫。

禽流感： 家鸡等禽类容易感染禽流感病毒。

4.我们在动物园和水族馆见面吧

高个子长颈鹿和胖子河马

按照约定，健宇放学后，我们一起来到动物园。

“爸爸，长颈鹿可真高啊。”

看到长颈鹿，健宇惊讶得张大了嘴巴。长颈鹿有5米高呢。它正卷着舌头吃树叶和嫩枝呢。

长颈鹿是陆地动物中个子最高的，有一颗非常强劲的心脏。为了给高高的、远离心脏的头部供血，必须得有一颗强劲的心脏。

长颈鹿个子高、视力好，易于发现危险的猛兽。它们会在第一时间发现危险，将信号传达给周围的动物。如果长颈鹿一齐看某个地方，那就是危险来临的信号。

“健宇，那边有河马。”

长颈鹿

我告诉健宇，一头河马的体重大概3 200公斤。它们虽然很重，但跑起来时速可达40公里左右。河马的奔跑能力还是非常强的。

河马

对面是陆地动物中块头最大的大象。大象每天大概要吃掉130公斤食物，喝掉200升的水。每次会排泄2公斤～3公斤的粪便。大象的粪便可以用来制作纸张和象屎咖啡，因为大象粪便中有大量未被消化的植物纤维。除了大象，羊、马、牛、熊猫等动物的排泄物也可以用来制作纸张。

大象

淘气鬼猴子和懒虫树懒

“爸爸，那只猴子像松鼠。”

健宇发现的其实是一只松鼠猴。体形纤细的松鼠猴非常擅长爬树。它们利用长长的尾巴来控制身体的平衡。健宇羡慕地说，自己要是有一条那样的长尾巴就好了。

另外一边是日本猕猴和环尾狐猴。日本猕猴是地球上栖息地在最北方的猴子；而环尾狐猴的尾巴很有特点，它们有一条带条纹的长尾巴，翘起时呈弧形，像浣熊的尾巴。

“健宇，那里有一只红毛猩猩。”

健宇对于红毛猩猩特别像人这一点非常惊讶。红毛猩猩在马来语中意为“森林中的人”，它们的坐姿和动作真的非常像人类。

“红毛猩猩是最像人类的动物吗?”

松鼠猴

日本猕猴

环尾狐猴

“不，黑猩猩最像人类。”

黑猩猩非常聪明，它们会用工具捉昆虫吃。尤其是生活在刚果河以南的热带雨林中的“倭黑猩猩”，据说它们的基因和人类的相似度高达99%。

“爸爸，快过来看。”

听健宇的语气，可能是发现了什么奇特的动物。我走近一看，原来是一只正在掏蚁穴舔食蚂蚁的大食蚁兽。

红毛猩猩

黑猩猩

大食蚁兽

树懒

大食蚁兽是一种古老的哺乳动物，嗅觉极为灵敏，灵敏度是人类的40倍，能异常神奇地发现蚁穴。

“健宇，看见那边的树懒了吗？”

树懒有惊人的臂力，可以长时间挂在树上，这让健宇既惊奇又羡慕。

树懒以树叶或果实为生，排泄时便会下树。树懒一个小时顶多能移动800米，不过，如果它们到水里，那游泳技艺可不亚于职业游泳选手呢。

观察日记

日期 7月25日	地点 农场	观察对象 海外哺乳动物

到动物园，可以见到世界上很多长相各异的动物呢。

这些动物可以带领我们进入异彩纷呈的神秘动物世界。

动物园里的海外动物图集

白犀： 体形仅次于大象的陆生哺乳动物，生活在非洲。

袋鼠： 母袋鼠会将早产的胎儿放在育儿袋里哺乳。

亚洲象： 体重 2 000~5 400 千克，比它们的亲戚非洲象小一些。

斑马： 白底黑色条纹，生活在非洲。

狮子： 以雌狮为中心群居，猎食。生活在非洲草原。

棕熊： 以树根、昆虫、鲑鱼为食。冬季休眠。

耳廓狐： 生活在干燥的沙漠，耳朵很大，利于散热。

水豚： 鼠类中体形最大。生活在湖边或河边的密林。

美洲河狸： 利用啃倒的树筑坝，生活其中。

变成极危物种的东北虎

东北虎

接着，我们来到老虎、金钱豹、非洲豹、美洲豹等猛兽区。

“爸爸，老虎有几种?”

“老虎只有一个虎种，只是根据生活地域的不同，其体形、色泽、斑纹等也不同。”

生活在西伯利亚地区的老虎体形较大。老虎的体形越大，脂肪就越厚，也就越能抗寒。

“爸爸，东北虎就是朝鲜虎吗?”

“是的，东北虎是虎的一个亚种，在韩国又被称为朝鲜虎，是森林之王。”

沉睡的狮子

动物园里的狮子因为天气炎热正在睡觉。健宇嘲笑说，它是懒鬼。正沉浸在梦乡里的狮子不知道自己是“万兽之王”。我告诉健宇，草原上的狮子能够猎食斑马、羚羊、长颈鹿、水牛，是当之无愧的无冕之王。听到这些，健宇肃然起敬，停止了嘲笑。

“爸爸，要是狮子和老虎打起来，谁会赢呢?”

“狮子生活在草原，老虎生活在森林，它们见面打架的概率几乎为零。”

听到这话，健宇很失望。本来他想知道同为强者，谁更胜一筹呢。

动物园里的鸟

在鸟禽馆入口，健宇有了一次新奇的体验：将鹦鹉放在肩膀上。那只鹦鹉总是啄健宇的头发。

“爸爸，看我像不像虎克船长?”

换作以前，他早就吓得“嗷嗷”叫了。如今，健宇与动物越来越亲近，甚至能这样开起玩笑来。

鹦鹉体验结束后，我们来到水鸟生活的水禽馆。

水面上，有几只美丽的天鹅，一副高贵优雅的姿态。天鹅是统称，可分为小天鹅、大天鹅、疣鼻天鹅等种类。

大天鹅

另一边，有几只细长腿的鸟，我和健宇几乎同时脱口而出："丹顶鹤!"丹顶鹤主要生活在芦苇塘、沼泽等湿地，喜欢吃小鱼虾，也吃植物的根茎、种子和嫩芽。它们喜欢单腿直立，另一条腿常常折起来藏在翅膀下，据说这是为了减少体内热量散失。

“爸爸，那里还有短腿的丹顶鹤。”

其实健宇看到的不是丹顶鹤，而是白鹳。白鹳的体形和丹顶鹤一样大，但腿没有丹顶鹤的长。

从动物园回来后，我们在家又看了一个关于河马的视频。看到河马反抗猎豹的勇猛样子，健宇感慨连连。

“爸爸，我以后再也不小看河马了。”

丹顶鹤和东方白鹳

丹顶鹤	东方白鹳
鹤形目。	鹳形目。
聚集在湿地。	喜欢待在树枝上。
叫声大，传得远。	不能发声，颈部后折，通过喙嘴的敲打发出声响。
腿的颜色为黑色。	腿的颜色为红色。

水族馆里的水生动物

第二天，我们来到水族馆。

通过一些巨大的蓄水箱，人们可以不用潜水就能近距离观察神秘的水生动物。看到水箱里蓝蓝的水，我感觉好像立刻清凉了许多。健宇左顾右盼，睁大眼睛看着那些多彩多姿的水生动物。

“爸爸，鱼儿可真漂亮啊。”

“是啊！”

我们好像来到了龙宫，那些神奇的鱼儿简直让我们目不暇接。

另一个巨大水箱里有海龟和鳐鱼，看着它们翩翩游动的样子，真的好像身处海底世界，身临其境。

“健宇，这里有鲨鱼！”

面对突然冲过来的鲨鱼，健宇吓得后退了一步。他以为凶猛的鲨鱼会冲破水族馆的玻璃。

热带鱼

海龟

鳐鱼

鲨鱼

食人鱼

在所有的鱼类中，鲨鱼的体形最大，尤其是令人闻风丧胆的大白鲨。大白鲨身长可达7米，体重达3 400公斤，能捕食海豚、海狗，甚至是小鲨鱼。

再往前走，就是食人鱼。这种被称为“水中狼族”的鱼据说非常凶暴，会袭击渡河的牛或羊，把它们吃得只剩骨头和皮。食人鱼上下颌的咬合力非常惊人，而其三角形的锋利牙齿更像手术刀一样善于撕咬、切割。

“爸爸，那里有海狗。”

“那不是海狗，是海豹。”

海狗和海豹的四肢呈鳍状，身体也呈流线型，非常擅长游泳。它们虽然生活在水中，却是哺乳动物，休息或产仔的时候会到礁石或陆地上。

北海狗

“爸爸，还有别的像海狗或海豹一样擅长游泳的哺乳动物吗？”

“海豚就很厉害啊。”

游动的海豹

海豚和海狗、海豹不一样，它们能跃出水面，再潜入水中。觅食或与朋友交流时，它们还会利用超声波回声定位。海豚前额上面的“额隆[1]”能发出1 000～200 000赫兹的超声波，海豚的耳朵接收到反射回来的超声波，就可以定位。

海豚

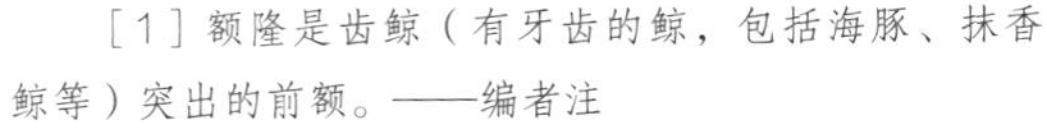

[1] 额隆是齿鲸（有牙齿的鲸，包括海豚、抹香鲸等）突出的前额。——编者注

企鹅

最后，我们去看了企鹅。企鹅的翅膀像鳍，不能飞翔，却可以游泳。冰面上，企鹅一摇一摆地走动着，或者滑行着。它们的脂肪层很厚，可以抵御南极的严寒。其天敌有海豹、虎鲸、海狗等。它们的卵和幼崽也是南极贼鸥、南极鹱等海鸟袭击的对象。

回家的路上，我和健宇学企鹅走路。我们都觉得对方似乎更像企鹅，然后忍不住相视大笑。

观察日记

日期 7月26日	地点 水族馆	观察对象 水生动物

在水族馆，不需要潜水，就可以近距离地观察形态各异的海洋动物。比如那些我们平时很难见到的鲨鱼、企鹅、海龟等。

水族馆里的水生动物图集

巨鲇

双须骨舌鱼

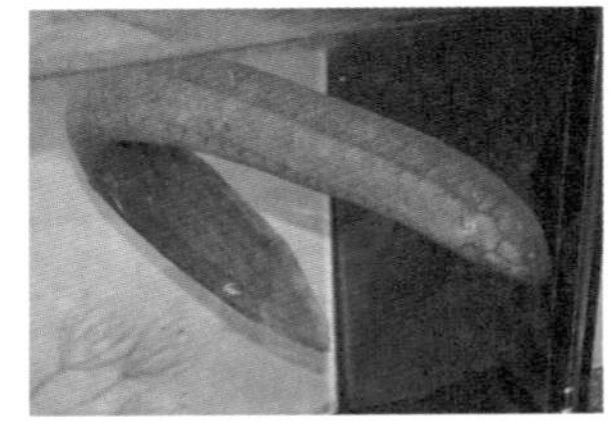
肺鱼

美丽硬仆骨舌鱼

中华鲟

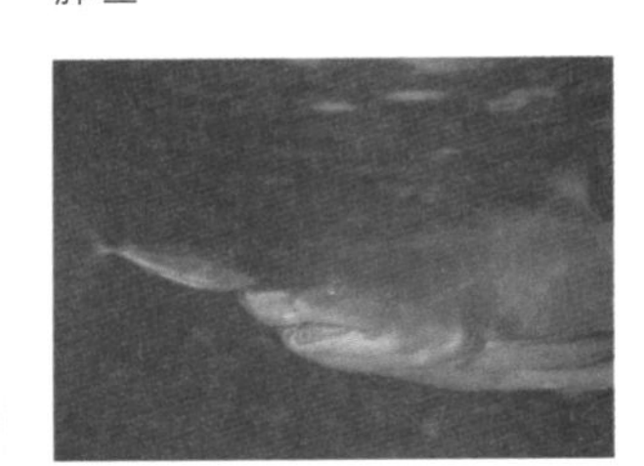
鲨鱼

海龟

珍珠魟（hóng）

银鼓鱼

向生物博士看齐——制作动物图鉴

一、制作动物探险图鉴

1. 确定要去探索的动物和探索地点。

2. 搜集与动物相关的资料。

3. 直接去探险地点观察动物。

4. 利用图鉴和网络弄清动物的名称。

5. 了解动物的栖息地、食物、习性等。

6. 了解动物与环境的关系。

二、制作观察日志图鉴

自己养猫、仓鼠、玄凤鹦鹉、白腰文鸟、青鳉鱼，顺便观察它们的生活习性。

1. 首先确定自己要养什么动物；
2. 考察可以买到动物的场所（宠物市场、大型超市、网店等）；
3. 选择那些可以观察它们成长过程的健康动物；
4. 了解动物的饮食以及饲养方法；
5. 给它们准备好生活的小窝；
6. 定期打扫，保持卫生。

仓鼠：给它们安装跑轮，观察它们如何运动。

刺猬：观察它们遇到危险时如何藏起脸和四肢，缩成球状。给它们使用重的食盆，以免被打翻。给它们喂食蟋蟀、小蠕虫等。

兔子：兔子听到声音时，两只耳朵动得不一样。看到兔子蹬后腿时，说明它们很兴奋。

泽龟：观察它们什么时候把头、尾巴和四肢都缩进坚硬的龟壳里。放一块大石头，观察它们如何晒日光浴。

玄凤鹦鹉：试着反复教它们说“我爱你”。给它们干净的水，因为它们每天都要洗澡。

热带鱼：观察雄性在繁殖期，身上的花纹如何变化。水温要维持在 20 ~ 25℃。

5.山间观察

行动敏捷的草蜥

正在晒太阳的草蜥

一个阳光明媚、微风拂面的日子，为了观察野生动物，我和健宇决定去露营。炙热的阳光照在丛林的小路上，本来就容易出汗的健宇早已汗流浃背了，但他没有丝毫怨言。看到他为了动物探险坚定忍耐的样子，我觉得他长大了。

转入一条小道的时候，我们听到了“嗖嗖嗖”的声音。

“健宇，快看那堆木头底下。”

那里藏着一条草蜥。草蜥和山滑蜥很像，但在腹部和后腿连接处有鼠蹊孔的是草蜥，没有鼠蹊孔的是山滑蜥。鼠蹊孔是草蜥交配时分泌化学物质的孔洞。

还有一条草蜥在一块石头上晒太阳。草蜥是冷血动物，所以，体温升高后才会活动。身子变暖的草蜥也“嗖嗖嗖”逃跑了。它或许是去捉蚯蚓、蜘蛛、蜗牛、蚂蚁了吧。

“爸爸，草蜥的尾巴断了。”

草蜥遇到天敌的时候，为了摆脱危险，会自动断尾。趁着敌人左顾右盼之际，迅速逃跑。第一次断掉后，尾巴会再生，但据说第二次断尾后，就不会再生了。

找不同！

爬行类和两栖类

爬行类（黑龙江草蜥）	两栖类（黑斑蛙）
将带壳的卵产在沙子或土里。	将没有壳的卵产在水里或水边。
一出生就可以在地上活动。	小时候在水里活动，成年后也可以在陆地上活动。
跑得很快。	跑得不快。
能够适应干燥的环境。	不能适应干燥的环境，需要生活在水边。
前后脚各有 5 个脚趾。	前脚有 4 个脚趾，后脚有 5 个脚趾。

花花绿绿的花蛇和致命的毒蛇

虎斑颈槽蛇

短尾蝮

“健宇，危险，不要动!”

发现了毒蛇的我着急地喊起来。但是健宇可能在生物课上摸过蛇，看上去并没有我想象的那样害怕。

“爸爸，那条是什么蛇?”

“嗯，是虎斑颈槽蛇，也叫花蛇。它一般不咬人，即使咬人，也咬得不深，它的毒牙在里面，所以很少渗出毒液来。过去还有人把这种蛇当作宠物养呢[1]。”

“爸爸，有毒的是哪种蛇?”

“头部呈三角形的短尾蝮、岩栖蝮、乌苏里蝮等。”

毒蛇性情凶猛，动作迅速。如果它们没有逃跑，而是盘成一团，那就预示着准备发动攻击。

“爸爸，那棕黑锦蛇呢?”

[1] 2008年，我国已把虎斑颈槽蛇列为毒蛇。国内外已有致死病例，不能随意靠近，切勿上手把玩，需保持安全距离。——编者注

“棕黑锦蛇是韩国最长的蛇。成体体长达1～2米，吃老鼠和麻雀，所以也是保护庄稼的动物呢。一条棕黑锦蛇一年可以吃掉100只老鼠呢。”

但是，因为棕黑锦蛇对人的身体有好处这种谣言流布，导致有些人肆意捕杀棕黑锦蛇，再加上现在乡村的石墙和草房越来越少，棕黑锦蛇难以找到栖息的地方，目前已经成为濒危物种了。

棕黑锦蛇

“蛇为什么老吐舌信子？”

“为了闻气味啊。和人类不同，蛇利用舌头可以捕捉空气中的‘气味颗粒’。对于视觉和听觉很弱的蛇来说，舌头是它们最重要的感觉器官。”

花蛇吐着信子，呈“S”型逃跑了。我看着它们爬走的样子，完全没有毒蛇的凶狠气势。蛇爬远之后，健宇才长长地舒了一口气，看来他还是很害怕的呀。

观察日记

日期 8月25日	地点 树丛	观察对象 爬行类动物

爬行类动物的身体通常覆盖有鳞片或甲，生活在陆地。它们和两栖类动物相似，但没有鳃，所以无法在水中产卵、生活，也不会经历从蝌蚪到青蛙的变态发育过程。爬行纲大致可以分为蜥蜴目、蛇目、龟鳖目、鳄目等几大类。

蜥蜴目：身体小，尾巴长，覆有小鳞片。生活在热带或温带的树木、地面或地下。在沙子中产卵。有滑蜥、草蜥、多疣壁虎、变色龙、美洲鬣蜥等。

蛇目：身体细长，没有腿脚。耳朵退化，没有眼皮。广泛分布于热带、亚热带、温带地区。捕食小动物。蛇类包括短尾蝮、棕黑锦蛇、虎斑颈槽蛇、森蚺、眼镜蛇、蟒蛇等，其中很多种类具有毒性。

龟鳖目：乌龟的肋骨进化成龟甲。龟能将头和四肢以及尾巴缩进龟甲。生活在温带和热带的沙漠、山林、沼泽、河川、海洋等地区。包括各类龟、鳖，如陆龟、中华鳖、乌龟、海龟等。

鳄目：可以将庞大的身体藏在水中，只露出鼻子和眼睛。生活在热带地区的河流或湖泊。有短吻鳄和凯门鳄等。

空中猎手猛禽类

鵟（kuáng）

从林小路的尽头，是一片宽阔的草地。我们决定在这里扎营。对健宇而言，在山林露营一夜，应该是一次非常美好的体验，因为这是一次可以观察到更多野生动物的好机会啊。夕阳西沉之前，我们搭好了帐篷，做好了露营的各种准备，然后仰望天空。

“健宇，你看，苍鹰在翱翔。”

“苍鹰都吃什么?”

“野鸡、鸭子、鸽子、兔子、田鼠等。它们在空中盘旋，然后以每小时400米的速度急速俯冲，捕食目标猎物，非常精

黑鸢

秃鹫

雕鸮（xiāo）

灰林鸮

准。猎鹰打猎是一项历史悠久的游艺民俗。苍鹰捕猎的景象非常令人震撼。苍鹰、游隼、红隼、鸳等，都是闻名遐迩的空中猛禽。”

夜幕降临，树林那边传来各种动物的叫声。听到猫头鹰的叫声，我和健宇高兴地唱起了《猫头鹰之歌》。健宇那张因为恐惧而略显僵硬的脸也舒缓明亮了起来。

雕鸮和灰林鸮都是夜行猛禽。黑暗中，它们那夜视性极佳的眼睛能够准确发现猎物，敏锐的听觉能够帮助它们发现老鼠和兔子等小动物，而柔软的羽毛则能保证它们接近猎物时悄无声息。

叽叽喳喳的山鸟与洞穴里的蝙蝠

棕头鸦雀

早晨，阳光透过树林洒下来，我们伴着清脆的鸟鸣在山间散步。

我们听到了雉鸡“咕咕”的叫声。还有“啾啾”“唧唧”“ 咯咯”“喳喳”等好多鸟鸣声。我们决定去丛林看看到底有哪些鸟。

“爸爸，快看那边！”

顺着健宇持望远镜的方向，我们看到了常见的棕头鸦雀。丛林的树枝上，还有大山雀、杂色山雀、红胁蓝尾鸲(qú)、虎斑地鸫(dōng)。还有被称为“山喜鹊”的松鸦和尾巴细长的灰喜鹊。

大山雀

“笃笃嗒嗒”，听到这声音就知道是在树上凿孔捉害虫的啄木鸟。啄木鸟的种类有很多，比如灰头啄木鸟、大斑啄木鸟、小星头啄木鸟等。

红胁蓝尾鸲

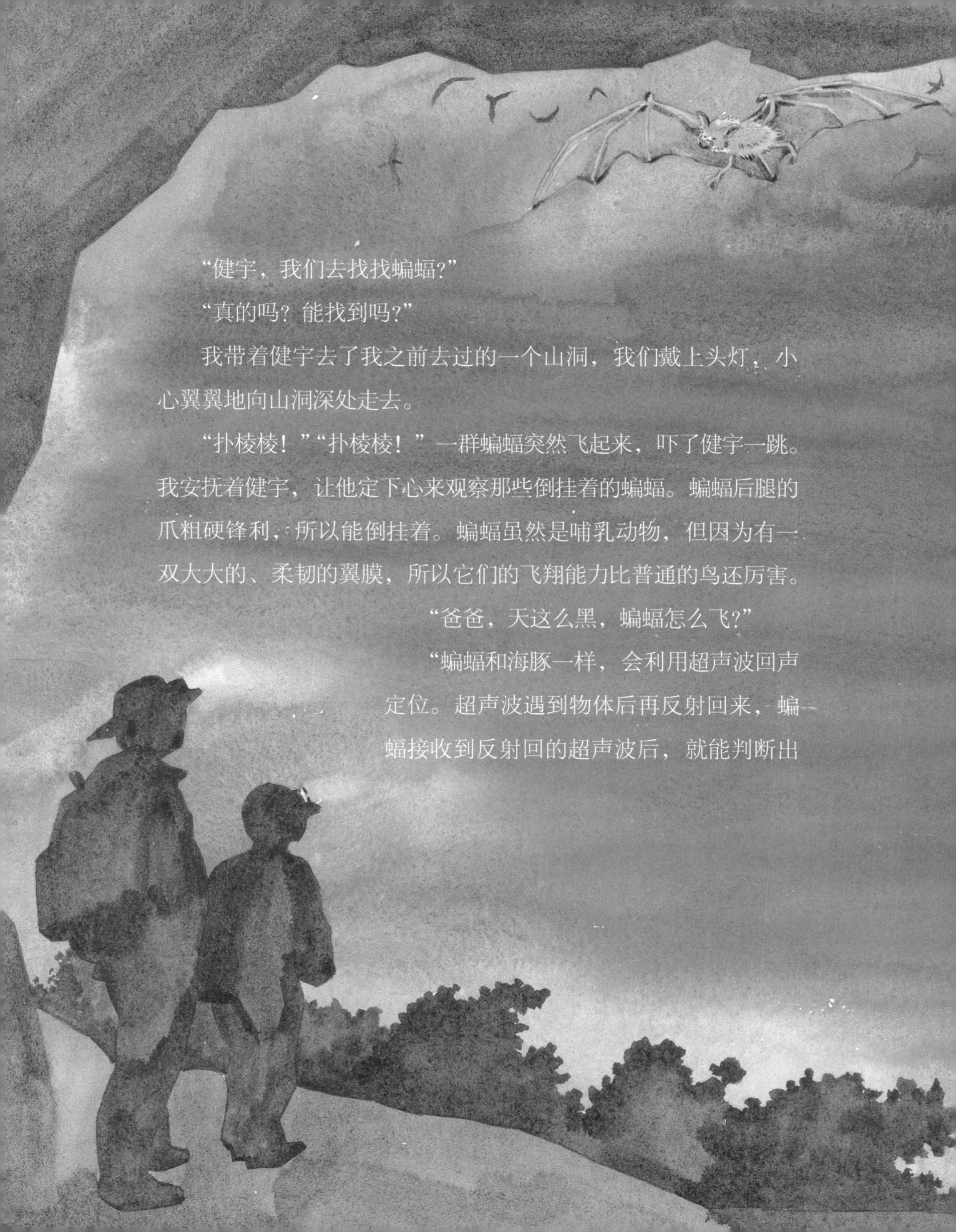

“健宇，我们去找找蝙蝠？”

“真的吗？能找到吗？”

我带着健宇去了我之前去过的一个山洞，我们戴上头灯，小心翼翼地向山洞深处走去。

“扑棱棱！”“扑棱棱！”一群蝙蝠突然飞起来，吓了健宇一跳。我安抚着健宇，让他定下心来观察那些倒挂着的蝙蝠。蝙蝠后腿的爪粗硬锋利，所以能倒挂着。蝙蝠虽然是哺乳动物，但因为有一双大大的、柔韧的翼膜，所以它们的飞翔能力比普通的鸟还厉害。

“爸爸，天这么黑，蝙蝠怎么飞？”

“蝙蝠和海豚一样，会利用超声波回声定位。超声波遇到物体后再反射回来，蝙蝠接收到反射回的超声波后，就能判断出

距离。以这样的方式，蝙蝠也可以找到猎物。”

黑暗中的蝙蝠耳聪目明，无论是马铁菊头蝠从鼻子发出的超声波，还是普通伏翼从嘴中发出的超声波，蝙蝠都是通过耳朵感知反射回来的超声波的。

蝙蝠

蝙蝠的种类不同，猎食的食物也有所不同。韩国的马铁菊头蝠、普通长耳蝠、白腹管鼻蝠都吃昆虫，但国外的食鱼蝙蝠会吃鱼，食蛙蝙蝠会吃青蛙，还有令人闻风丧胆的吸血蝙蝠，当然也有只吃水果和花的果蝠。

观察日记

日期 8月26日	地点 丛林	观察对象 山鸟

虽然用双筒望远镜可以观察到丛林中的山鸟，但距离远的时候，观察起来还是有点困难。如果树叶茂盛，就更难看到隐匿其中的山鸟了。所以，比起林木葳蕤的夏天，冬天或初春去山间观察会更好。靠肉眼难以辨别的时候，可以借助鸟的叫声，所以最好事先记住几种有特色的鸟鸣。

山鸟图集

大斑啄木鸟： 叫声为“吱吱——”用喙在树干凿孔，捉虫子吃。

沼泽山雀： 常在阔叶林的树洞筑巢，冬季成群活动。

大山雀： 山间常见的鸟，人工养殖的也很多。叫声为“啾啾”。

北红尾鸲： 栖息在低山，一年四季生活在同一个地方。[1]

红胁蓝尾鸲： 主要栖息在低矮的山坡，属于旅鸟。

锡嘴雀： 冬季会到村边丛林觅食的冬候鸟，身体圆鼓鼓的。

---

[1] 北红尾鸲在中国是候鸟，常见于各种生境。——编者注

丛林中的野生动物

獐

收起帐篷后，我和健宇从另一边下山。

“爸爸，那只鹿为什么没有角?”

途中，健宇看见的是山间或平原常见的獐。

“咦? 不过仔细一看，‘角’好像长在了嘴上。”

“獐子和鹿不一样，无论雌雄都没有角。雄性的上犬齿比较发达，露出唇外，形成獠牙，它们靠这个吃草或挖树根吃。”

梅花鹿

“突突！”一阵声响打破了林间的寂静，原来是野猪。野猪长得胖墩墩的，但它们“急刹车”和转向的本领却很出色。令很多人想不到的是，野猪其实是行动十分敏捷的动物。近来，野猪逐渐闯入人类住所附近或城市中，可能是其天敌老虎和豹子减少，野猪数量增多，导致原本栖息地的食物不够吃了的缘故。

野猪

“健宇，你看那边的黑熊。”

健宇和我屏住了呼吸。为了拯救濒危物种，韩国正在推行“生态复原”计划，目的是让濒危动物回归自然，以激活生态系统。放生黑熊就是其中一项计划。

“健宇，黑熊可是猛兽，一定要小心。”

“要是遇到了黑熊，就装死。”

“不行，那是非常危险的举动。遇到黑熊，一定不要转身，而是要面对面，慢慢后退。转身的话，黑熊一定会扑上来。别看黑熊看上去笨重，它们跑起来时速可达30到50公里呢。”

黑熊

避免遇到熊的最好方法就是走安全的登山道。如果看到“有熊出没”的标识牌，可以大声说话，这样熊听到后或许会主动避开。

我们祝福放生的黑熊能够尽快适应自然生活。然后，我们沿着登山道，继续下山了。

向生物博士看齐—— 濒危物种与生态复原计划

一、天然纪念物

天然纪念物是指那些因具备很高的学术或观赏价值，而被韩国法律予以保护的地理事物，包括指定动物及其栖息地、植物及其保护区，以及特殊的矿石和特殊的地形地貌、遗址遗迹等。韩国的天然动物纪念物有长尾斑羚、小飞鼠、黑熊、水獭、珍岛犬（产于全罗南道珍岛的名犬）等哺乳动物，白腹黑啄木鸟、东方白鹳、大天鹅、丹顶鹤、猫头鹰、鹰、黑啄木鸟等鸟类，以及黄斑鳜、臼齿肛鳍鱼、花鳗鲡等鱼类。另外，白腹黑啄木鸟栖息地、黄嘴白鹭和黑脸琵鹭的繁殖地、洛东江下游候鸟栖息地等也是韩国的天然纪念物。

丹顶鹤：一类大型涉禽。天然纪念物第 202 号。

水獭：鼬科中生活在水中的哺乳动物。天然纪念物第 330 号。

大天鹅：属于鸭科游禽。天然纪念物第 201 号。

东方白鹳：腿很长的鸟。天然纪念物第 199 号。

黄斑鳜：栖息在河川中上游。汉江的黄斑鳜被指定为天然纪念物第 190 号。[1]

[1] 只有生活在汉江、发生色素突变的黄斑鳜才被指定为韩国的天然纪念物，普通的斑鳜则不算。——编者注

二、濒危野生动物和生态复原计划

濒危野生动植物指的是那些因自然或人为因素导致数量急剧减少，在不久的将来有灭绝危机的物种。2010年，韩国有246种动植物被列为濒危物种，其中野生濒危动物有95种。

在韩国，为了重新激活生态，正在实施生态复原计划，将濒危动物放归自然。目前已放归的动物有黑熊、长尾斑羚、赤狐、灰狼、东方白鹳等。

	一 级	二 级
哺乳类	东北虎、灰狼、梅花鹿、长尾斑羚、猞猁、黑熊、原麝、赤狐、徘鼠耳蝠、豹、水獭	黄喉貂、伶鼬、北海狗、环斑海豹、豹猫、金管鼻蝠、北海狮、普通长耳蝠、小飞鼠
鸟类	金雕、勺嘴鹬、黄嘴白鹭、丹顶鹤、游隼、黑脸琵鹭、虎头海雕、小青脚鹬、白腹黑啄木鸟、疣鼻天鹅、东方白鹳、白尾海雕	白琵鹭、鸿雁、黑嘴鸥、蛎鹬、灰鹤、小天鹅、遗鸥、紫寿带、长尾林鸮、大鸨、黑啄木鸟、秃鹫、董鸡、黑鹳、鹗、凤头蜂鹰、栗鳽、冠海雀、凤头百灵、燕隼、极北柳莺、雕鸮、鹊鹞、大杓鹬、灰林鸮、白枕鹤、白尾鹞、日本松雀鹰、苍鹰、大天鹅、豆雁、紫背苇鳽、大鵟、仙八色鸫、乌雕、中华秋沙鸭、黑雁、白头鹤、长嘴剑鸻、小白额雁、白肩雕
爬行类	黑领剑蛇	棕黑锦蛇、乌龟、丽斑麻蜥
两栖类	/	朝鲜侧褶蛙、北方狭口蛙
鱼类	暗色拟扁吻鮈、短身朝鲜鳑、乔氏鳅、洛东江高丽鳅、牛头鉠、朝鲜鳅鮀、韩鱊	细拟扁吻鮈、中华多刺鱼、大头鳅鮀、雷氏七鳃鳗、短须鳅鮀、高丽小鳔鮈、高丽鱊、日本七鳃鳗、图们江杜父鱼

6.我们在河川和海边见面吧

生存能力极强的鲤鱼和鲫鱼

鲤鱼

一大早，健宇就在忙着整理自己的出行背包，他带上了双筒望远镜和观测望远镜，也没忘记自己的观察日记本。

今天，我和健宇决定从家附近的小河出发，一直走到海边，边走边观察。经过一片绿油油的草地，我们来到河边的小石桥。

金鱼

“啊，吓了我一跳。”

高兴得一蹦一跳的健宇，经过小石桥的时候，被跳出水面的鲤鱼吓了一跳。鲤鱼是河川里最常见的淡水鱼。此外，常见的还有鲫鱼和宽鳍鱲。

宽鳍鱲

桥上有不少人在喂鲤鱼，机灵的鲤鱼张着嘴巴，追赶着食物。

“健宇，你知道怎么判断鲤鱼的年龄吗?”

“难道是和树木一样，有年轮?”

“看它们的鱼鳞就知道了。鱼鳞上有很多个圈，就像树木的年轮一样。”

鲤鱼喜欢生活在河川、水库、湖泊、水坝、池塘等地，属于杂食性鱼类，吃水草、水中的昆虫、甲壳动物、水丝蚓等。鲫鱼的栖息地和鲤鱼一样，但它们的个头没有鲤鱼大，身体通常为绿褐色或黄褐色。据说吃鲫鱼对人的身体有好处，所以鲫鱼也常被用作药引或食用。

珍贵的本土动物和捣蛋鬼外来动物

“爸爸，你看那只奇怪的大鼠！”

一只长得像老鼠一样的动物抓着一只鸟跑到树丛里去了。

我们赶紧掏出双筒望远镜和观测望远镜，一睹这种难得的场面。那是一只海狸鼠，体形比普通老鼠大10倍，在水陆间往返，用尖利的牙齿捕鱼或捕鸟。海狸鼠最初引进韩国，主要是为了获取毛皮或做食品，后来人们发现不尽如人意，于是将其放生到河川湖泊。谁料它们竟然快速繁殖起来，破坏了生态平衡。

“爸爸，那儿还有一只乌龟。”

“那是红耳龟。从北美引进的。”

“为什么引进红耳龟？”

“红耳龟小时候非常可爱，所以被当作宠物引进。一些主人难

以忍受成年红耳龟散发的气味，把它们丢弃到河川。不料它们因强大的生存能力而很快当上了霸主，使得韩国本土淡水龟的数量急剧减少，几乎沦为濒危物种了。”

另外一个代表性的捣蛋鬼外来物种是牛蛙。牛蛙不仅吃我们国家的蝌蚪、泥鳅、田螺，甚至还吃蛇。外来的蓝鳃太阳鱼和大口黑鲈也大肆猎食我们本土的淡水鱼，以致本土生态系统遭到破坏。

最初，外来动物一般都被当作宠物或食物而被引进，或许是因为在韩国的天敌很少，它们得以迅速繁殖壮大，以致成为严重威胁我们原有生态系统的入侵物种。如何确保我们本土的生态平衡，逐渐成为一个重要课题。

观察日记

日期 10月15日	地点 丛林和江河	观察对象 外来入侵动物

外来入侵动物，指的是从国外引进的破坏了本土生态平衡的动物。最初一般被当作宠物或食物，或是为了获取毛皮而引进。然而事与愿违，有一些物种并没有被有效利用，而是因各种原因被放生或遗弃。进入当地自然环境中的这些外来动物大肆捕食本土物种，抢夺资源，严重破坏了本土生态平衡，成为一大棘手问题。

外来入侵动物图集

海狸鼠

红耳龟

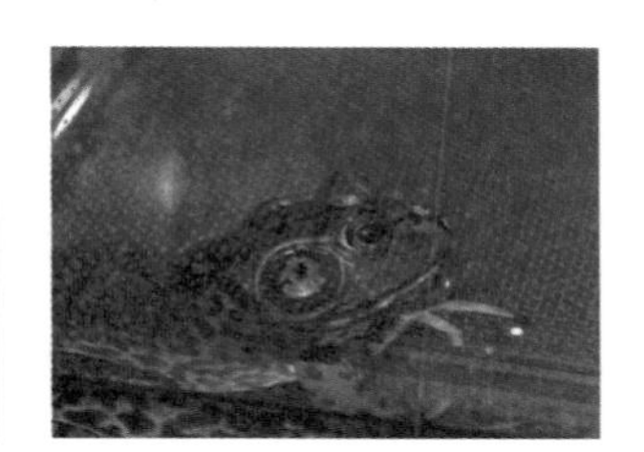

牛蛙

蓝鳃太阳鱼

大口黑鲈

汽水域里的虾虎鱼与溯河产卵的大麻哈鱼

滩涂上的弹涂鱼

涂了防晒霜，戴上宽檐遮阳帽，我们继续前行。火辣辣的阳光直射下来，在没有任何遮挡的河边行走，可不是件容易的事。走了很久，我们终于到达了汽水域。

"健宇，这里就是万川归海之地啊。"

"也就是淡水和咸水交汇的地方？"

韩国的河川大部分流入黄海和日本海。河水汇入大海，河水和海水交汇的地方就是汽水域。

在汽水域，生活着许多长相独特的虾虎鱼科的鱼类，比如纹缟虾虎鱼、弹涂鱼、大弹涂鱼等。弹涂鱼在江河入海口或潮汐地带挖洞穴居。退潮的时候，它们会用胸鳍或尾鳍在淤泥上匍匐或跳跃。

弹涂鱼之所以能够长时间在水外生活，是因为它们有一个鳃腔。这个鳃腔可以储存水，帮助弹涂鱼呼吸。

“健宇，你看，左边是河川，右边是大海，这让我想起了大麻哈鱼。”

“啊，就是可以逆流而上的鱼？”

对。大麻哈鱼出生在河川，却在大海长大，成年后又回到河川产卵。冬天出生的大麻哈鱼，经过30～50天的河川生活，长到3～5厘米的时候，就会成群结队地去往浅海，等长到7厘米的时候，就去深一点儿的海里，顺着洋流向北太平洋移动。在海中生活1~5年直到性成熟后，成鱼会顺着洋流返回，在9～11月回到它们出生的河川里。

往返于江河与大海之间的大麻哈鱼，以及在水中和潮间带生活的弹涂鱼，都是能够适应各种环境的天才鱼类。

淡水鱼和海水鱼

淡水鱼（鲤鱼）	海水鱼（鲨鱼）
无法适应盐水。	可以适应盐水。
淡水鱼体液的盐分浓度比淡水的高，由于渗透压的作用，淡水会进入它们体内，但它们可以通过排泄器官，将进入体内的淡水排出体外。	海水鱼体液的盐分浓度没有海水的高，体内水分会不停地排出体外，但它们会从肠道中抽取水分来补充。而体内积累的盐分，则会通过可以过滤盐分的特殊器官排出体外。
如果将它们放到海水中，那么它们体内的水分会不停地排出体外，导致脱水而死。	如果将其放到淡水中，那么它们体内会因吸收过多水分而无法生存。

长脖子苍鹭和
一摇一摆的绿头鸭

大白鹭

大白鹭普通亚种

我们来到河口的观测台。我和健宇拿出望远镜和观鸟镜，准备好好观察一下鸟类。我们看见一只白鹭展翅飞向天空。

“爸爸，真是太漂亮了！”

飞了一会儿，白鹭落在河边，慢慢地踱着步，低头用喙捉水里的鱼，捉到了就一口吞下去。白鹭还吃青蛙、蝌蚪、水中昆虫、小鸟和老鼠等。

生活在河川、湿地、稻田里的白鹭是候鸟。冬天，它们会迁徙到温暖的地方。不过因为全球变暖，韩国冬天不再像以前那么冷，逐渐成为候鸟飞来过冬的栖息地。所以，在冬季，也能见到不少白鹭。

白鹭

“爸爸，那儿有一个鸟的雕塑。”

“哈哈，那是单腿直立的苍鹭。是一年四季都很常见的水鸟。和通体白色的白鹭不同，苍鹭是灰色的。健宇，快看空中！一群鸭子排成‘V’字形。”

苍鹭

“哇，可是鸭子不是不能飞的吗？”

斑嘴鸭

绿翅鸭

雄性绿头鸭

雌性绿头鸭

“也不全是这样。绿头鸭、绿翅鸭、斑嘴鸭等野生鸭科禽类都可以远距离飞翔的。”

“爸爸，雄性的绿头鸭和雌性的绿头鸭长相很不一样吗？”

雄性绿头鸭个头大，头颈的羽毛呈油亮的深绿色，还有一道明显的白色颈环。而雌性绿头鸭通体为褐色，带斑纹，看上去似乎完全是另一个物种。

候鸟随气候变化而进行远距离迁徙。它们乘风飞翔，借助气流远距离飞行。当然，如果距离过远，它们中途需要休息，会找一处有食物又比较安全的地方落脚。韩国的一些冬候鸟冬天的时候会到韩国过冬，春天一到就离开；而夏候鸟则在初夏时分来到韩国，冬天飞去温暖的越冬地过冬。

观察日记

日期 10月15日	地点 河流和海洋	观察对象 水鸟

水鸟指的是在水上游动或生活在水滨的鸟类，其主要栖息地为滩涂、海洋、江河、湖泊、泥滩等，以鱼、蝌蚪、昆虫、贝类、螃蟹、蜗牛、蚯蚓等为食。其中，鸭、鹅、天鹅等属于靠脚蹼游动的游禽类；白鹭、苍鹭、丹顶鹤、鸻、鹬等属于涉禽类，它们依靠细长的腿立在浅水中，用发达的喙啄食泥滩或湿地中的食物。

水鸟图集

大天鹅

绿头鸭

斑嘴鸭

普通鸬鹚

黑尾鸥

白腰杓鹬

翱翔青空的海鸟

黑尾鸥

离开河口后，我们来到了海滨。

“爸爸，看海鸥。”

“嗯，那就是黑尾鸥。”

我们悄悄地靠近，想仔细观察，但机灵的海鸥却飞走了。

黑尾鸥以鱼为食，会追着鱼群飞行，所以被称为“鱼群探测器”。它们不仅吃鱼、昆虫、螃蟹和海草，甚至还吃船上的残羹冷炙，所以也被称为“海港清洁工”。黑尾鸥喜欢在人迹罕至、树木稀少的冷僻小岛筑巢。韩国的红岛、卵岛、信岛、七山岛的黑尾鸥繁殖地都被指定为天然纪念物。

水面上，鸭子、天鹅、红头潜鸭、凤头鸊鷉、普通鸬鹚正优哉游哉地游动。健宇觉得凤头鸊鷉潜水捉鱼的样子很有意思，所以观察了好久。

我们的动物探险之旅到此就结束了。回到家后，健宇没有感到丝毫疲惫，反而劲头十足地整理这段时间的观察日记，他还说要亲自动手做一份动物手抄报，于是他又是选照片又是画画，很忙碌。虽然他技术还不熟练，但看到他做自己喜欢的事情时那种专注而热情的样子，我觉得他的精神很可嘉呢。

小朋友们，你们愿不愿意和健宇一样，来一次动物探险之旅？除了能够近距离观察各种各样的动物，还能感受大自然的瑰丽和神秘，这也不失为一次难忘的经历吧。

凤头䴙䴘

普通鸬鹚

向生物博士看齐—— 动物的栖息地

我们身边有各种各样的动物，它们的栖息地也多种多样，比如树林、平原、河川、湖泊、海滨等。

天空：丹顶鹤、秃鹫、游隼、猫头鹰、家燕、白颊鼯鼠、蜻蜓、柑橘凤蝶等。

平原和稻田：麻雀、灰喜鹊、乌鸦、白鹭、牛头伯劳、黑斑蛙等。

丛林：花栗鼠、獐、野猪、黑熊、虎、蛇、猫头鹰、啄木鸟、秃鹫等。

都市：喜鹊、山斑鸠、岩鸽、乌鸦、栗耳短脚鹎、家燕、麻雀、暗绿绣眼鸟、锡嘴雀、北红尾鸲。

山涧溪水：东北小鲵、朝鲜林蛙、东方铃蟾、中华大蟾蜍、马苏大麻哈鱼、细鳞鲑、尖头鱥等。

江河湖泊：苍鹭、绿头鸭、白鹭、水獭、黑斑蛙、红耳龟、鲤鱼、泥鳅等。

农场：牛、猪、绵羊、山羊、狗、猫、马、鸡、鸭等。

土地：老鼠、鼹鼠、花栗鼠、兔等。

大海：黑尾鸥、海豚、海豹、海狗、鸻、海龟、大麻哈鱼、虾虎鱼、鲨鱼等。

与环境相适应的长相

适应温度的长相（是否便于散热）

耳廓狐：
耳朵大，身体小，利于散热。

北极狐：
耳朵小，身体大，防止热量散失。

因食物不同而有形态各异的喙

游隼：
钩子一样的喙，利于撕咬猎物。

苍鹭：
细长尖利的喙，利于叉住猎物。

锡嘴雀：
短而坚硬的喙，便于啄食果实。

绿头鸭：
宽扁的喙，便于捞水里的食物。

适应栖息地环境的特殊功能

蛙：
为了在水中呼吸，眼睛和鼻孔处于同一水平线。

鸭：
为了方便在水中游动，脚趾间有脚蹼。

鲨鱼：
为了游得快，身体呈流线型。

骆驼：
为了防止沙子进入鼻孔，鼻孔可以闭合。驼峰的脂肪很厚，以适应干燥的沙漠环境。